U0223282

高等学校“十二五”规划教材
建筑工程管理入门与速成系列

建筑工程施工现场管理速成

唐晓东　主编

哈爾濱工業大學出版社

内容提要

本书根据《建筑工程项目管理规范》(GB/T 50326—2006)、《建筑机械使用安全技术规程》(JGJ 33—2012)等国家现行标准编写,本书共分为7章,内容涵盖施工准备管理、工程生产要素管理、施工现场安全管理、施工现场进度管理、施工现场质量管理、施工现场成本管理以及施工现场合同管理等。

本书内容通俗易懂,并结合实践操作,系统、全面地介绍了建筑工程施工现场全过程。本书可作为从事建筑工程施工现场管理人员以及高等院校有关施工现场管理专业学生的参考书。

图书在版编目(CIP)数据

建筑工程施工现场管理速成/唐晓东主编.——
哈尔滨:哈尔滨工业大学出版社,2013.12
ISBN 978-7-5603-4408-9

Ⅰ.①建… Ⅱ.①唐… Ⅲ.①建筑工程-施工现场-施工管理-高等学校-教材 Ⅳ.①TU721

中国版本图书馆CIP数据核字(2013)第274084号

策划编辑 郝庆多 段余男
责任编辑 王桂芝 郝庆多
封面设计 刘长友
出版发行 哈尔滨工业大学出版社
社　　址 哈尔滨市南岗区复华四道街10号 邮编150006
传　　真 0451-86414749
网　　址 http://hitpress.hit.edu.cn
印　　刷 黑龙江省地质测绘印制中心
开　　本 787mm×1092mm 1/16 印张 12.75 字数320千字
版　　次 2013年12月第1版 2013年12月第1次印刷
书　　号 ISBN 978-7-5603-4408-9
定　　价 32.00元

编　委　会

前　言

建筑施工现场是建筑工人直接从事施工活动、创造使用价值的场所。建筑产品施工质量的好坏及施工进度的快慢都与施工现场管理水平息息相关。加强施工现场管理、促进文明施工能树立建筑企业形象，促进建筑企业又好又快的发展。特别是在全球化市场竞争的今天，建筑企业外抓市场，内抓施工现场管理已成共识。但由于机制不完善，法制不健全，致使当前的施工现场管理现状仍存在一些不容忽视的问题。为使大家更好地了解施工现场管理的相关内容，特编写这本《建筑工程施工现场管理速成》。

本书以《建筑工程项目管理规范》(GB/T 50326—2006)、《建筑机械使用安全技术规程》(JGJ 33—2012)等现行标准规范为依据，体现"规范"的思想，结合实际施工现场管理中运用的基本原理和方法，并结合实践操作，系统、全面地介绍建筑工程施工现场管理的全过程。

本书在编写过程中参考了有关文献，并且得到了许多专家和相关单位的关心与大力支持，在此特表示衷心感谢。随着科技的发展，建筑技术也在不断进步，书中难免存在疏漏及不妥，恳请广大读者给予批评指正。

编　者

2013 年 9 月

目　录

1　施工准备管理

1.1　全场性施工准备

全场性施工准备是以一个建筑工地为对象而进行的各项施工准备。施工准备工作的目的、内容都是为全场性施工服务的,不但要为全场性的施工活动创造有利条件,而且还要兼顾单位工程施工条件准备。全场性施工准备一般包括以下工作内容。

1.1.1　施工劳动组织准备

施工劳动组织准备劳动组织的范围既有整个建筑施工企业的劳动组织准备,又有大型综合的拟建建设项目的劳动组织准备,也有小型简单的拟建单位工程的劳动组织准备。这里以一个拟建工程项目为例,来说明其施工劳动组织准备工作的内容。

1.建立拟建工程项目的组织机构

施工组织机构的建立应遵循的原则如下:

(1)根据拟建工程项目的规模、结构特点和复杂程度,确定拟建工程项目施工的组织机构人选和名额。

(2)坚持合理分工与密切协作相结合的原则。

(3)把有施工经验、有创新精神、工作效率高的人选入组织机构。

(4)认真执行因事设职、因职选人的原则。

2.建立精干的施工队伍

施工队伍的建立要认真考虑专业、工种的合理配合,技工、普通工的比例要满足合理的劳动组织,要符合流水施工组织方式的要求,确定建立的施工队组是专业施工队组,或是混合施工队组,要坚持合理、精干的原则;同时制定出该工程的劳动力需要量计划。

3.集结施工力量,组织劳动力入场

工地的组织机构确立之后,按照开工日期和劳动力需要量计划,组织劳动力入场。同时要进行安全、防火和文明施工等方面的教育,并安排好职工的生活。

4.向施工队组、工人进行施工组织设计、计划和技术交底

进行施工组织设计、计划和技术交底的目的是把拟建施工项目的设计内容、施工计划和施工技术等要求,详尽地向施工项目管理人员、施工队组和工人讲解交代。

5.做好分包工作

大型土石方工程、结构安装工程以及特殊构筑物工程的施工等,可实行分包。这就必须在施工准备工作中,按原始资料调查中了解的有关情况选定理想的协作单位。根据分包工程的工程量、完成日期、工程质量要求和工程造价等内容,签订分包合同。进行工程分包必须按照有关法律法规执行。

6. 建立健全各项管理制度

工地的各项管理制度是否建立健全，直接影响其各项施工活动的顺利进行。有章不循其后果是严重的，而无章可循更是危险的，为此必须建立健全工地的各项管理制度。其主要内容包括：工程质量检验与验收制度；工程技术档案管理制度；建筑材料（构件、配件、制品）的检查验收制度；技术责任制度；施工图纸学习与会审制度；技术交底制度；职工考勤、考核制度；工地及班组经济核算制度；材料出入库制度；安全操作制度；机具使用保养制度等。

1.1.2 施工技术准备

施工技术准备是施工准备的核心。由于任何技术的差错或隐患都可能引起人身安全和质量事故，造成生命、财产和经济的巨大损失。因此必须认真地做好施工技术准备工作。具体内容如下。

1. 原始资料的调查分析

(1)自然条件的调查分析。建设地区自然条件调查分析的主要内容有：地区水准点和绝对标高等情况；地质构造、土的性质和类别、地基土的承载力、地震级别和烈度等情况；河流流量和水质、最高洪水和枯水期的水位等情况；地下水位的高低变化情况；含水层的厚度、流向、流量和水质等情况；气温、雨、雪、风和雷电等情况；土的冻结深度和冬、雨季的期限等情况。

(2)技术经济条件的调查分析。调查分析的主要内容有：地方建筑施工企业的状况；施工现场的动迁状况；当地可利用的地方材料状况；材料供应状况；地方能源和交通运输状况；地方劳动力和技术水平状况；当地生活供应、教育和医疗卫生状况；当地消防、治安状况和参加施工单位的力量状况。

(3)地下障碍物的调查与处理。位于城市内的施工项目，其建设区域范围内往往有很多的地下障碍物，如果不调查清楚并及时处理，将严重影响施工进行，甚至在情况不清盲目开工时，会造成重大事故。作为承包的施工方要尽早通过各种渠道调查了解施工区域的地下情况，并绘制“地下障碍物综合图”，进而研究地下障碍物的拆除或处理方案。一般对地下各类管线，属废弃不用的作切断处理，还在使用的作改线处理，对新建可能危及使用的作保护处理。对原有地下人防工程、地下室工程、构筑物原则上随同土方开挖拆除。

2. 编制施工组织总设计

施工组织总设计是以整个建设项目（或若干个相互联系的单位工程）为对象，根据初步设计或扩大初步设计图纸，以及其他相关资料和现场施工条件编制，用以指导全工地各项施工准备和施工活动的技术经济文件。施工组织总设计具体编制内容如下。

(1)工程概况。工程概况是对整个建设项目的总说明、总分析，着重说明工程的性质、规模、造价、工程特点及主要建筑结构特征、建设期限，以及施工条件等。

(2)施工部署。施工部署是对整个建设项目从全局上做出的统筹规划和全面安排，它主要解决影响建设项目全局的重大战略问题。

施工部署的内容和侧重点根据建设项目的性质、规模和客观条件不同而有所不同，一般包括：建设项目的分期建设规划；各期的建设内容；施工任务的组织分工；主要施工对象的施工方案和施工准备;机械化施工方案;全场性的工程施工安排(如道路、管网等大型设施工程、全工地的土方调配、地基的处理等),以及大型暂设工程的安排等。

(3)施工总进度计划。施工总进度计划是以一个建设项目或一个建筑群体为编制对象,用以指导整个建设项目或建筑群体施工全过程进度控制的指导性文件。施工总进度计划是施工现场各项施工活动在时间上的体现。编制施工总进度计划就是根据施工部署中的施工方案和工程项目的展开程序,对全工地的所有工程项目做出时间上的安排。其作用在于确定各个施工项目及其主要分部工程、准备工作和全工地性工程的施工期限及其开工和竣工的日期,从而确定建筑施工现场上劳动力、材料、成品、半成品、施工机械的需要数量和调配方案,以及现场临时设施的数量、水电供应数量和能源、交通的需要数量等。

编制施工总进度计划的基本要求:保证拟建工程在规定的期限内完成;迅速发挥投资效益;保证施工的连续性和均衡性;节约施工费用。

(4)劳动力及主要原材料、半成品、预制构件和施工机具需要量计划。

(5)施工总平面图设计。施工总平面图是拟建项目施工场地的总布置图。它按照施工方案和施工进度的要求,对施工现场的道路交通、材料仓库、附属企业、临时房屋、临时水电管线做出合理的规划布置,从而正确处理全工地施工期间所需各项设施和永久性建筑、拟建工程之间的空间关系和平面关系。总平面图的比例一般为1∶1 000或1∶2 000。

(6)施工技术组织措施。施工组织总设计的编制程序如图1.1所示。

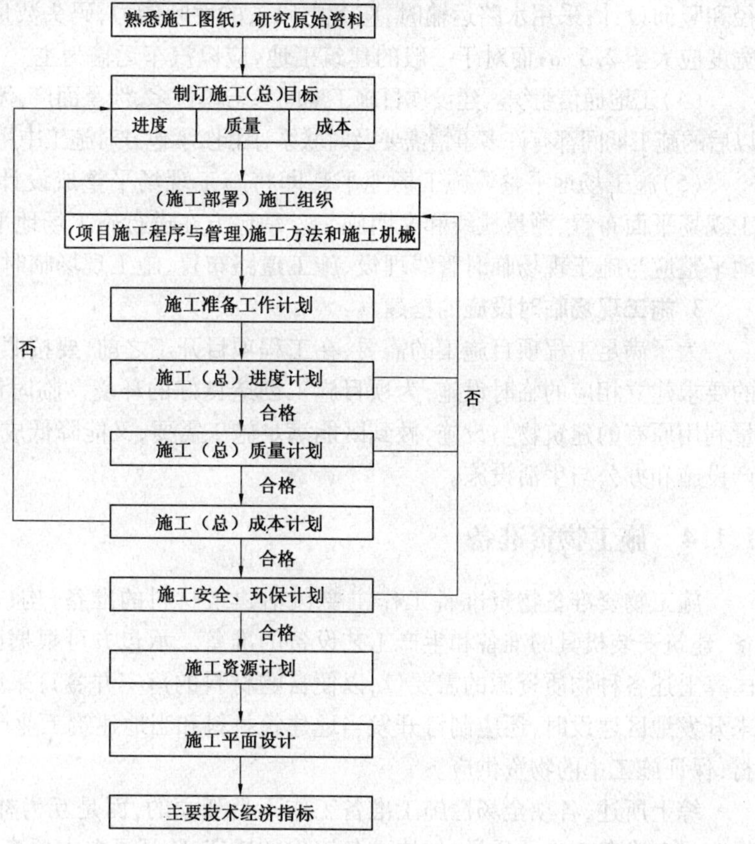

图1.1 施工组织总设计的编制程序

1.1.3　施工场地准备

在建设单位完成土地的征购和拆迁工作之后，施工单位即可开展施工场地准备工作。准备工作的主要内容如下。

1. 施工现场的补充勘察和新技术试验

按照设计图纸和施工组织设计的具体要求，在现场施工准备中，依据工程施工需要，要做好补充勘察和新技术试验。如为了进一步探寻施工现场地下是否有枯井、古墓、洞穴和暗沟等隐蔽物，需做一些必要的补充勘探，取得资料，以便及时拟定处理方案并实施；此外，桩基工程为了校核设计计算的单桩承载力，需对试验桩进行压桩、拔桩试验，取得试验数据，以便调整设计。

2. 组织施工现场准备

(1)工地供水组织。建筑工地用水有三种，即：生产用水、生活用水和消防用水，其中生产用水包括工程施工用水和施工机械用水。

(2)工地供电组织。施工现场临时供电组织包括计算用电量、选择电源、确定变压器、确定导线截面面积并布置配电线路。

(3)工地运输组织。工地运输方式有马车运输、公路运输、铁路运输、水路运输等几种。一般当运货量较大，并距铁路较近时宜采用铁路运输，但引入铁路时应注意其转弯半径和竖向设计；采用水路运输时，应考虑码头的吞吐能力，码头数量一般不应少于两个，其宽度应大于2.5 m；而对于一般的建筑工地，应以汽车运输为主。

(4)工地通信组织。建设项目施工期间参与单位多、涉及面广，无论是前期现场准备还是以后的施工期间都有许多事情需要及时联系，因此，承包方对施工中用通信设备应予以重视。

(5)施工场地平整。施工场地平整即将施工现场平整成设计要求的平面，以利于施工现场平面布置、测量放线和文明施工。承包方在进行施工场地平整前应做全面考虑，场地平整应与施工现场临时管线埋设、施工道路布置、施工现场临时设施搭建相结合。

3. 施工现场临时设施的搭建

为了满足工程项目施工的需要，在工程项目开工之前，要按照项目施工准备工作计划的要求建立相应的临时设施，为项目施工创造良好的环境。临时设施的规划与建设应尽量利用原有的建筑物与设施，做到既能满足施工需要，又能降低成本。临时设施可分为生产设施和办公与生活设施。

1.1.4　施工物资准备

施工物资准备物资准备工作主要包括建筑材料的准备、构(配)件和制品的加工准备、建筑安装机具的准备和生产工艺设备的准备。承包方可根据已批准的扩大初步设计匡算上述各种物质资源的需要量，以便自购材料的落实并签订采购或委托加工合同。在未开发地区建设时，还应制订开发当地建筑材料和当地建筑工业产品的计划，做到就地取材，保证施工中的物资供应。

综上所述，各项全场性施工准备工作不是孤立的，而是互为补充、相互配合的。为了提高施工准备工作的质量，加快准备工作的速度，除了承包方要高度重视、领导挂帅，组织专业部门有能力的工程技术人员积极配合和服务于项目经理部的施工准备管理工作外，还必须加强与建设、设计、监理、政府主管和职能部门的密切协作和协调，建立健全全场性施工准备的责任制度和检查考核制度，使准备工作有领导、有组织、有计划、分批地进行，进而贯穿施工的全过程。

1.2 单位工程施工条件准备

单位工程施工条件准备是以一个建筑物为对象而进行的施工准备，目的是为该单位工程施工服务，也兼顾分部分项工程施工作业条件准备。按施工准备的性质，可以归纳为以下六个方面。

1.2.1 调查研究与收集资料

施工组织设计所需的原始资料通常包括各种自然条件资料和技术经济条件资料。通过调查、收集和分析研究原始资料，为解决单位工程施工组织设计中的实际问题提供科学的实事求是的依据，以便能够获得最佳的施工组织设计方案。

1. 自然条件资料

(1)地形资料。通过地形勘察获得建设地区及建设地点的地形情况，以便充分利用有利条件，合理使用施工场地。

(2)工程地质资料。通过工程地质勘察，获得建设地区的地质构造、人为的地表破坏现象(如土坑、古墓等)和土壤特征、承载力等资料，作为设计和施工的依据。

(3)水文地质资料。通过水文地质勘察，获得地下水、地面水文资料及其对水质的分析资料。

(4)气象资料。通过对当地气象资料的了解，具体安排冬雨季施工项目。

2. 技术经济条件资料

(1)地方建筑工业企业情况。通过对这部分资料的调查，了解当地是否有采料场、建筑材料、配件和构件的生产企业；这些单位的分布情况；主要产品名称、规格、生产能力、供应能力、价格等。同时还应适当了解这些产品运往项目工地的方式方法、交货价格和运输费用。

(2)地方资源情况。地方资源是可以直接或间接地供应工程使用的原料或材料。应查明当地是否有石灰石、石膏石、黏土等供生产黏结材料和保温材料的资源；是否有建立采石、采砂场等所需的块石、卵石、山砂、河砂等；这些资源在数量和质量方面是否能满足建筑施工的要求，并要研究、分析进行开采、运输和使用的可能性及经济合理性。

(3)交通运输情况。为了正确组织交通运输，必须详细调查建设地区的公路、铁路、航运情况，利于组织运输业务，选择经济合理的运输方式。

(4)建设基地情况。调查建设地区附近是否有建筑机械化基地及机械化装备，是否有中心修配站及仓库，分析可供建筑工地利用的程度。

(5)劳动力和生活设施情况。调查当地可招工人的数量和素质。项目承包单位在未施工前要对工人宿舍、食堂、浴室、文化室等建筑物的数量、地点、结构特征、面积、交通和设备条件做充分的调查研究。

(6)供水、供电情况。调查当地是否有发电站和变压站;查明是否能从地区电力网上取得电力,可供工地利用的程度,接线地点及使用的条件;了解供水情况,现有上下水道的管径、埋置深度、管底标高、水头压力;还要了解利用邻近电信设施的可能性等。

1.2.2 技术准备

技术准备是施工准备的核心。由于任何技术的差错或隐患都可能引起人身安全和质量事故,造成生命、财产和经济的巨大损失,因此必须认真做好技术准备工作。

(1)熟悉、审查施工图纸及有关设计资料,进行图纸交底。

(2)编制单位工程施工图预算和施工预算。

(3)编制单位工程施工组织设计。单位工程施工组织设计的编制程序如图 1.2 所示。

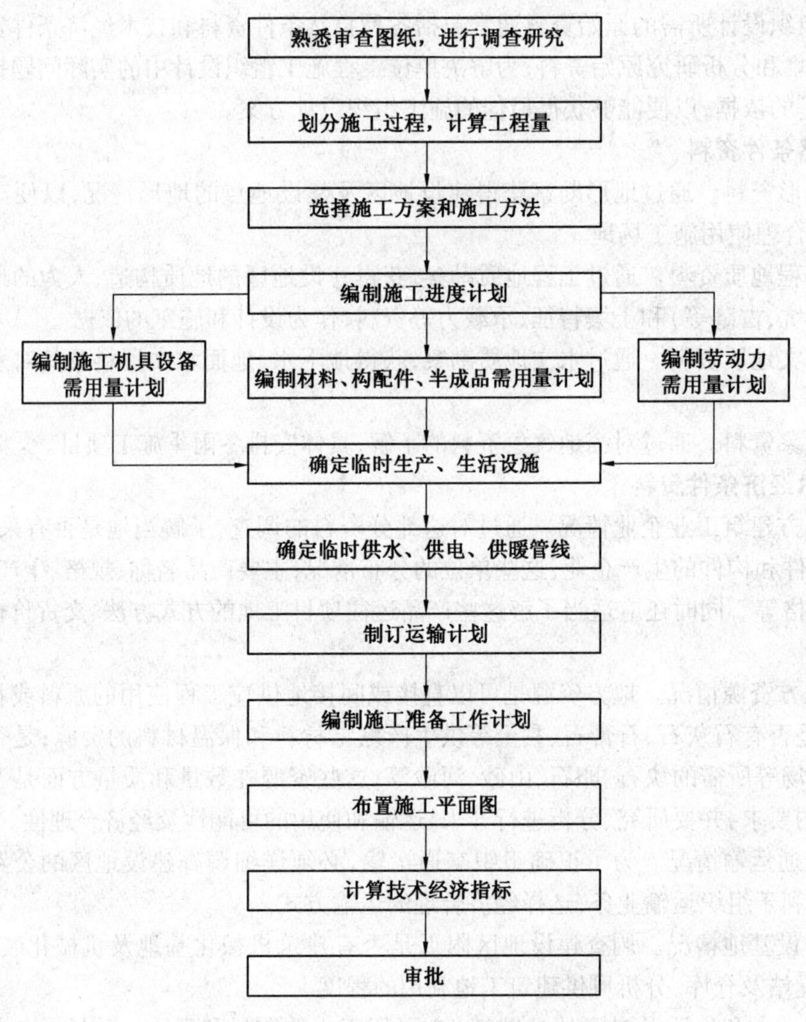

图 1.2　单位工程施工组织设计的编制程序

(4)签订工程分包合同。由于施工单位本身的力量有限,有些专业工程的施工、安装和运输等均需要向外单位委托。根据工程量、完成日期、工程质量和工程造价等内容,与其他单位签订分包合同,保证按时实施。

1.2.3　物资准备

材料、构(配)件及制品、机具和设备是保证施工顺利进行的物资基础,这些物资的准备工作必须在工程开工之前完成。为了满足连续施工的要求,督促总承包单位必须根据各种物资的需要量计划,分别落实货源,安排运输和储备。

1. 物资准备工作内容

(1)建筑材料的准备。建筑材料的准备主要是根据施工预算进行分析,按照施工进度计划要求,按材料名称、规格、使用时间、材料储备定额和消耗定额进行汇总,编制出材料需要量计划,为组织备料、确定仓库、场地堆放所需的面积和组织运输等提供依据,其表格形式见表1.1。

表1.1　建筑材料需要量计划

序号	材料名称	规格	需要量		供应时间	备注
			单位	数量		

(2)构(配)件及制品的加工准备。根据施工预算提供的构(配)件及制品的名称、规格、质量和消耗量,确定加工方案和供应渠道以及进场后的储存地点和方式,编制出其需要量计划,为组织运输、确定堆场面积等提供依据,其表格形式见表1.2。

表1.2　构(配)件及制品需要量计划

序号	品名	图号和型号	规格	需要量		加工单位	供应时间	备注
				单位	数量			

(3)建筑安装机具的准备。根据采用的施工方案,安排施工进度计划,确定施工机械的类型、数量和进场时间,确定施工机具的供应办法、进场后的存放地点和存放方式,编制建筑安装机具的需要量计划,为组织运输、确定堆场面积提供依据,其表格形式见表1.3。

表1.3　施工机具设备需要量计划

序号	机具名称	型号规格	单位	数量	货源	使用起止时间	备注

(4)劳动力的准备。根据单位工程施工进度计划编制劳动力需用量计划,作为安排劳动力生活福利设施的依据,其编制方法是将施工进度计划表内所列各施工过程每天(或旬、月)所需工人人数按工种汇总,其表格形式见表1.4。

表1.4　劳动力需要量计划

序号	分项工程名称	工种	需要量		需要时间						备注
			单位	数量	×月			×月			
					上旬	中旬	下旬	上旬	中旬	下旬	

2. 物资准备工作程序

物资准备工作的程序是进行物资准备的重要手段,其工作程序如图1.3所示。

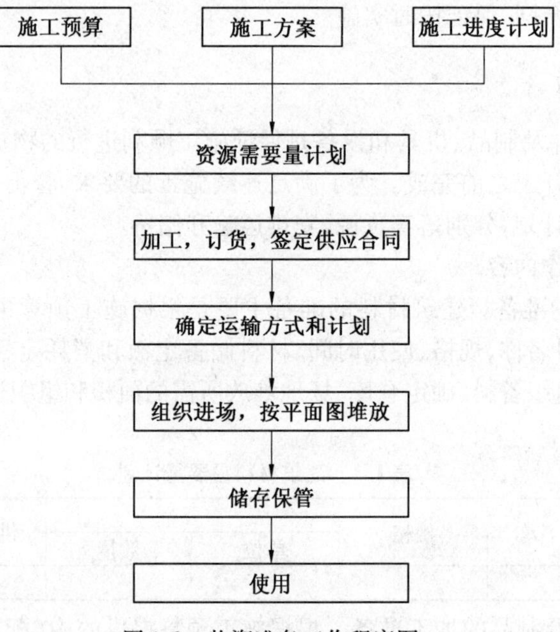

图1.3　物资准备工作程序图

1.2.4　施工队伍准备

施工队伍的准备包括建立项目管理机构和专业或混合施工队,组织劳动力进场,进行施工计划和任务交底。

1. 项目管理人员配备

项目管理人员是工程施工的直接组织和指挥者,人员配备应根据单位工程规模大小和施工难易程度而定。对一般单位工程,可设一名项目经理,再配施工员(工长)及材料员等即可;对大型的单位工程或建筑群,则需配备一套项目管理班子,包括施工、技术、材料、计划等管理人员。

2. 基本施工队伍的确定

项目管理人员应根据单位工程的特点选择恰当的劳动组织形式。土建施工一般以混合施工队形式较好,其特点是人员配备少,工人以本工种为主兼做其他工作,供需之间搭接比较紧凑,劳动效率比较高。如砖混结构的主体阶段主要以瓦工为主,配备适量的木工、架子工、钢筋工、混凝土工及机械工;装修阶段则以抹灰工为主,配备适当的电工、木工等。

3. 专业施工队伍的组织

大型单位工程的内部机电及消防、空调、通信系统等设备,往往由生产厂家进行安装和调试,有的施工项目需要机械化施工公司来承担,如土石方、吊装工程等。这些都应在施工准备中以签订承包合同的形式予以明确,以便组织施工队伍。

4. 向施工队组、工人进行施工组织设计、计划和技术交底

施工组织设计、计划和技术交底的工作应安排在单位工程或分部分项工程开工前及时进行，以保证工程严格地按照设计图纸、施工组织设计、安全操作规程和施工验收规范等要求进行施工。

综上所述，在组织施工队伍时，一定要遵循劳动力相对稳定的原则，以保证工程质量和劳动效率的提高，同时应报建设单位或监理单位审批。

1.2.5　现场施工准备

建设工程开工前建设单位应协助施工单位做好现场准备工作，并对施工单位的现场准备工作进行检查和监督。

1. 现场补充勘探

为保证基础工程能够按期保质完成，为主体工程施工创造有利条件，应对施工现场进行补充勘探。勘探的内容主要是在施工范围内寻找枯井、地下管道、旧河道与暗沟、古墓等隐蔽物的位置与范围，以便及时拟定处理方案。

2. 现场的控制网测量

按照提供的建筑总平面图、现场红线标桩、基准高程标桩和经纬坐标控制网，对全场作进一步的测量，设置各类施工基桩及测量控制网。

3. 建筑物定位放线

根据场地平面控制网或设计给定的作为建筑定位放线依据的建筑物，以及构筑物的平面图进行建筑物的定位放线，这是确定建筑物平面位置和开挖基础的关键环节。施工测量中必须保证精度，避免出现难以处理的技术错误。

4. 现场三通一平

在建筑工程的用地范围内，平整施工场地，接通施工用水、用电和道路，这项工作简称为三通一平。如果工程的规模较大，这一工作可分阶段进行，保证在第一期开工的工程用地范围内先完成，再依次进行其他工作。

5. 施工道路及管线

在完成施工现场的三通一平后，还应进一步检查以下工作内容。

(1)施工道路是否满足主要材料、设备及劳动力进场需要。

(2)施工给水与排水设施的能力及管网的铺设是否合理及满足施工需要。

(3)施工供电设备应满足电量需要，做到合理安排供电，不影响施工进度。另外应尽量利用永久性设施。

6. 施工临时设施的建设

根据工程规模特点及施工管理要求，对施工临时设施应进行平面布置规划，并报有关部门审批。临时设施的规划与建设应尽量利用原有的建筑物及设施，达到既能满足施工需要又能降低成本的目的。

7. 落实施工安全与环保措施

(1)落实安全施工的宣传、教育措施和有关的规章制度。

(2)审查易燃、易爆、有毒、腐蚀等危险物品管理和使用的安全技术措施。

(3)现场临时设施施工应严格按施工组织设计确定的施工平面图布置,并且必须符合安全防火的要求。

(4)落实土方与高空作业、上下立体交叉作业、土建与设备安装作业等的施工安全设施。

(5)施工与生活垃圾、废弃水的处理应符合当地环境保护的要求。

通过对安全与环保措施的监督检查,应使施工现场各级人员认识到安全生产、文明施工是实现高速度、高质量、高工效、低成本目标的前提。

1.2.6　季节性建筑施工准备

1. 冬期施工的准备工作

(1)合理安排冬期施工项目。冬期施工条件差,技术要求高,费用要增加。因此,应考虑将那些既能保证施工质量,而费用又增加较少的项目安排在冬期施工,如吊装、打桩、室内装修等;费用增加很多又不易确保质量,如土方、基础、外装修、屋面防水等,均不宜在冬期安排施工。

(2)落实各种热源的供应和管理。如各种热源供应渠道、热源设备和冬期用的各种保温材料的储存和供应、司炉培训工作等,以保证施工顺利进行。

(3)做好测温工作。冬期施工昼夜温差较大,为保证施工质量,应做好测温工作,防止砂浆、混凝土在达到临界强度以前遭受冻结而破坏。

(4)做好室内施工项目的保温。如先完成供热系统,安装好门窗玻璃等,以保证室内其他项目能顺利施工。

(5)做好临时设施的保温防冻工作。应做好给排水管道的保温,防止管子冻裂;应防止道路积水结冰,及时清扫道路上的积雪,以保证运输车辆顺利通行。

(6)尽量节约冬期施工运输费用。如在冬期来到之前,储存足够的材料、构件等物资。

(7)做好完工部位的保护。如基础完成后应及时回填土至基础顶面同一高度,砌完一层墙后及时将楼板安装完毕,室内装修抹灰要一层一室一次完成。

(8)加强安全教育。要有冬期施工的防火安全措施,严防火灾发生,避免安全事故的发生。

2. 雨期施工的准备工作

(1)防洪排涝,做好现场排水工作。应针对现场具体情况做好排水沟渠的开挖,准备好抽水设备,防止现场积水,造成损失。

(2)做好雨期施工的合理安排。为了避免雨期窝工,一般情况下在雨期到来之前应多安排土方、基础、室外及屋面等不宜在雨期施工的项目,多留一些室内工作在雨期进行。

(3)做好道路维护,保证运输畅通。雨期前检查道路边坡排水,适当提高路面高度,防止路面凹陷,保证运输道路的畅通。

(4)做好物资的储存。在雨期前应多储存一些材料、物资,减少雨天的运输量,节约施工费用。

(5)做好机具设备等的保护。对现场各种设施、机具要加强检查,尤其是脚手架、塔吊、井架等,要采取防倒塌、防雷击、防漏电等一系列防护措施。

(6)加强施工管理。要认真编制雨期施工的安全措施方案,加强对职工的安全教育,防止各种事故的发生。

2 工程生产要素管理

2.1 工程项目人力资源管理

2.1.1 人力资源的来源与组织

1. 人力资源的来源

建筑企业可分为总承包企业、专业承包企业与劳务分包企业。不同性质的企业必然会有不同的劳动力管理的特点,从劳动力的来源上主要分为自有职工与劳务分包两种形式。

(1)自有职工。自有职工是企业根据需求招收、培训、录用或者聘用的职工,通常与企业签订固定期合同,有的甚至是无固定期合同。通常总承包企业对自有职工的要求较高,自有职工通常为管理人员和技术工人。

(2)劳务分包。随着建筑技术与管理技术的发展,专业分工更加细化,社会协作更加普遍,企业也不可能在所有建筑领域里都保持优势,因此不可避免地将采取劳务分包形式进行劳动力补充。同时,采用劳务分包的形式有利于降低成本、规避风险。劳务分包通常都使用农民工,除少数人外,普遍技术水平较低,因此对劳务分包怎样进行更有效的管理是一个十分重要和实际的问题。

2. 人力资源的组织形式

(1)专业施工队。按施工工艺由相同专业工种的工人组成的施工队,且根据需要配备一定数量的辅助工,其优点是生产任务专一,有利于工人提高技术水平、丰富生产经验;缺点是分工太细,适应范围小,工种间搭接配合差。此种专业施工队适用于专业技术要求较高或者专业工程量较集中的工程项目。

(2)混合施工队。把相互联系的工种工人组织在一起形成的施工队。它的优点是便于统一指挥、协调生产与工种间的搭接配合,有利于提高工程质量,有利于培养一专多能的多面人才;但其组织工作要求严密,管理得力,否则会产生互相干扰与窝工的现象。

(3)大包施工队。大包施工队实际上是扩大了的专业施工队或者混合施工队,适用于一个单位工程或者分部工程的作业承包。其优点是可以进行综合承包,独立施工能力强,利于协作配合,简化了管理工作。

施工队的规模通常依据工程的大小而定,具体采取何种形式,则应在有利于节约劳动力、提高劳动生产率的前提下,按实际情况确定。

3. 劳动组织的调整和稳定

劳动组织要服从施工生产的需求,在保持一定稳定性的情况下,要随现场施工生产的变化而不断调整。劳动组织的调整须遵循以下原则:

(1)依据施工对象的特点(技术复杂程度、结构特点、工程量大小等)分别采取不同的劳动组织形式。

(2)依照施工组织设计要求,有利于工种间的协作配合,有利于充分发挥工人在生产中的主动性与创造性。

(3)现场工人要相对稳定,并使骨干力量与一般力量、技术工人与普通工人密切配合,保证工程质量。

2.1.2　现场人力资源管理的内容、任务及特点

1. 现场人力资源管理的内容

从现场人力资源管理的过程与因素来看,现场人力资源管理的内容主要包括以下几个方面:

(1)劳动力的招收、培训、录用与调配(对于劳务单位);劳务单位与专业单位的选择和招标(对于总承包单位)。

(2)科学合理地组织劳动力,节约使用劳动力资源。

(3)制定、实施、完善、稳定劳动力定额与定员。

(4)改善劳动条件,保证职工在生产中的安全和健康。

(5)加强劳动纪律,开展劳动竞赛。

(6)制订劳动者的考核,实施晋升与奖罚。

2. 现场人力资源管理的任务

(1)要加强劳动力管理,降低劳动消耗,提高劳动生产率,促进生产的发展,为国家增加积累,为国民经济的持续稳定发展创造物质生产条件。

(2)全面贯彻国家有关劳动工资方面的方针政策与法令,坚持按劳分配的原则,正确处理国家、企业与职工个人之间的利益关系,认真搞好工资福利与劳动保护工作,使职工的物质文化生活与劳动条件在生产发展的基础上不断得到改善,充分调动劳动者的生产积极性。

(3)不断提高职工的技术与业务水平,提高企业素质,最有效、最合理地组织劳动力与劳动活动。

3. 现场人力资源管理的特点

(1)人力资源管理的具体性。施工现场根据人力资源计划完成各项劳动经济技术指标及一切与劳动力管理相关的问题都是实实在在的具体问题。

(2)人力资源管理的细致性。在现场的每一项工作,每一个具体问题均要通过劳动者的劳动来完成,必须认真、仔细、谨慎、周密、妥善地考虑,否则会带来损失与困难。因此现场的使用与管理一定要严把每一道关口。

(3)劳动力管理的全面性。现场劳动力管理的内容十分广泛,涉及劳动者的方方面面,既要考虑其工作状况,又要考虑学习、生活与文化娱乐;不仅要考虑现场劳动者,还要考虑对离退休职工的关心与照顾。

2.1.3　影响劳动力管理水平提高的因素

1. 计划的科学性

确定现场施工人员数量,应该根据建筑业和工程项目自身的客观规律,按企业的施工定额,有计划地安排与组织,要求达到数量适宜、结构合理、素质匹配。

2. 组织的严密性

确定现场各组织(单位),首先目标机构要简洁,各个部门任务饱满,职权、职责分工明确;其次,职工和管理人员相互合作,按制度办事,使施工顺利进行;第三,全体职工均明确自己的工作内容、方法与程序,并且能够奋发进取,努力完成。各组织的领导要精明干练,能够制订良好的工作计划,有较强的执行能力。

3. 劳动者培训的计划性、针对性

现场劳动力水平的高低,不管是管理人员还是施工人员,归根到底都由人的素质高低来决定。而提高人的素质最有效的途径就是进行培训。我国施工人员教育水平比较落后,如果想尽快提高施工水平,必须在保证施工正常进行的前提下,依据现场实际的需要,对劳动者进行有目的、有计划且系统地培训,做到需要什么,学习什么;缺少什么,补充什么,不能重复、交叉培训,切忌所学非所用。

4. 指挥与控制的有效性

对现场劳动力要统一进行调度与指挥,并且及时控制,确保整个现场协调一致,顺利地完成施工任务。

5. 劳动者需求的满足程度

劳动者在付出劳动的同时也需要强调自身需求的满足,包括物质的需求与精神的需求。这对调动积极性具有十分重要的意义。现场劳动力管理者只有认真考虑劳动者的需求,并且尽量加以满足,才能使劳动者始终保持良好的工作状态和不断奋发图强的精神斗志。

2.1.4　人力资源培训和上岗

由于劳动者的素质与劳动技能不同,在现场施工中所起的作用与获得的劳动成果也不相同。因此,劳动者只有通过培训达到预定的目标与水平,且经过一定考核达到相应的技术熟练程度与取得文化水平的合格证,才能上岗。培训具体内容如下。

1. 现场管理理论的培训

任何实践活动均离不开理论的指导,现场施工也是如此,如果管理者与被管理者不掌握现场管理理论,就无法做到协调、高效率,而造成窝工浪费;同时管理跟不上,现场施工水平便要落后,不能参与市场竞争,企业就要被淘汰。因此,要加强现场管理理论的培训。

2. 文化知识的培训

文化知识是进行业务学习、提高操作水平的基础,要想掌握一定的施工技术,必须有相应的文化知识作为保证。文化知识是工具,进行岗位培训必须使职工掌握这个工具。

3. 操作技术的培训

职工进行培训的目的是能上岗胜任工作,因此所有培训内容都要围绕这一点进行。

结合现场技能、技术与协作的要求,围绕施工工艺进行培训,做到有的放矢,使职工的技术水平达到岗位要求或者工人工资级别相应的水平。

4. 做好考核与发证工作

凡是上岗人员均要统一考核,获得相应的岗位证书,保证培训的系统性与有效性。对那些培训不合格的人员不能发证上岗,这些人需离岗或继续进行培训,直至取得合格的岗位证书,以保证培训质量。

5. 培训计划和管理

培训工作要有计划、有步骤地进行,要做到与需求同步,避免影响正常工作或者培训内容滞后,因此需要进行培训计划的编制。依据工程的需要安排培训计划,同时与企业的各项培训相结合,做到结合实际、兼顾长远。同时也要对培训工作进行有效的档案管理,以利于专业知识、技能的普及和提高,也有利于优化劳动力组合,以达到形成有专长的劳动资源的目的。

2.1.5 人力资源管理计划

施工现场人力资源计划管理是为完成生产任务、履行施工合同,按相关定额指标,根据工程项目数量、质量、工期的需要,合理安排劳动力的数量与质量,做到科学合理而不盲目,具体方法与步骤如下。

1. 定额用工的分析

依据工程的实物量与定额标准分析劳动需用总工日;确定生产工人、工程技术人员、徒工的数量与比例,以便对现有人员进行调整、培训、组织,以保证现场施工的人力资源。

2. 劳动力使用计划的编制

劳动力使用计划是工程工期计划的重要配套保证计划之一,亦是保证工程工期计划实现的条件。劳动力使用计划编制的原则是使劳动力均衡使用,避免出现过多、过大的需求高峰,以免给人力调置带来困难,同时增加劳动力成本,还带来了住宿、交通、饮食、工具等方面的问题。

劳动力使用计划的编制质量与工程量的准确与否及工期计划的合理与否有直接的关系。工程量越准确,工期越合理,劳动力使用计划的编制就会越合理。

3. 劳动力资源的落实

现场劳动力的需求计划编制完成以后,就要与企业现有可供调配的劳动力加以比较,从工期、数量、技术水平等三方面进行综合平衡,并且按计划落实应进入现场的人员,为此在解决劳动力资源时需要考虑以下三个原则。

(1)全局性原则。把施工现场作为一个系统,从整体的功能出发,考察人员结构,不单纯安排某一工种或者某一工人的具体工作,而是从整个现场需要出发做到不单纯用人。

(2)互补性原则。对企业来说,人员结构从素质上可分为好、中、差,在确定现场人员时,要按每个人的不同优势与劣势、长处与短处,合理配置,使其取长补短,达到充分发挥整体效能的目的。

(3)动态性原则。依据施工现场进展情况和需要的变化而随时进行人员结构、数量的调整,以不断达到新的优化。当需要人员时立即组织进场,当出现多余人员时立即把人员转向其他现场或进行定向培训,使每个岗位负荷饱满。

2.1.6　人力资源的优化配置

施工现场人力资源组织优化是在考虑相关因素变化的基础上,合理配置劳动力,使劳动者之间、劳动者与生产资料以及生产环境之间,达到最佳的组合,使人尽其才、物尽其用、时尽其效,不断地提升劳动生产率。

1.劳动力组织优化的标志

(1)数量合适。依据工程量的大小和合理的劳动定额并结合施工工艺和工作面的大小确定劳动者的数量。需要做到在工作时间内能满负荷工作,防止出现“一个人的活,三个人干”的现象。

(2)结构合理。所谓结构合理是指在劳动力组织中的技能结构、知识结构、年龄结构、体能结构、工种结构等方面,与所承担生产经营任务的需要相符合,能满足施工与管理的要求。

(3)素质匹配。素质匹配主要是指劳动者的素质结构与物质形态的技术结构相匹配;劳动者的技能素质与所操作的设备、工艺技术的要求相符合;劳动者的文化程度、业务知识、劳动技能、熟练程度与身体素质等,能胜任所担负的生产与管理工作。

(4)协调一致。协调一致是指管理者与被管理者、劳动者之间,相互支持、相互协作,成为具有很强凝聚力的劳动群体。

(5)效益提高。效益提高是衡量劳动力组织优化的最终标志。一个优化的劳动力组织不仅在工作上实现高效率,更为重要的是提高经济效益。

2.劳动力组织优化的原则

(1)精干高效的原则。

(2)双向选择的原则。

(3)竞争择优的原则。

(4)治懒汰劣的原则。

3.人力资源的开发与激励

人力资源的开发与激励就是通过科学地分析现场职工的合理需要,且进行优化管理,然后采取措施尽可能加以满足,从而不断激发职工的内在潜力与能力,充分发挥他们的积极性和创造性,使每一位职工才有所用、力有所长,增强企业活力与竞争力,使企业得到发展壮大。

(1)劳动者需要的内容。按照需要的重要性及发生发展的先后次序排列为:生理上的需要、安全上的需要、归属与爱的需要、尊重的需要与自我实现的需要五个层次。其中生理上的需要是最原始的需要;安全上的需要是在生理需要满足后产生的,如生活要有保障、没有失业的威胁等;归属与爱的需要是指每个职工都是社会人,均有一种从属于某一组织或群体的感情;尊重的需要是职工对名誉、地位等要求被人们承认的需要;自我实现的需要是发挥自己的潜在能力,实现自己理想目标的需要。

(2)物质激励。一是工资激励,工资作为职工及家庭生活的重要物质条件,必须贯彻按劳分配原则;二是奖金激励,奖金作为超额劳动的报酬,具有灵活性与针对性,可以有效地激发职工的工作热情;三是福利、培训、工作条件与环境激励,它通过对整个企业或承包单位全体施工人员工作条件的改善进行激励,能够培养职工对现场施工的凝聚力与向心力。

(3)精神激励。这是满足职工比较高层次的需要,用精神激励手段来实现对企业职工积极性与创造性的激发,主要表现在思想政治工作上。其作用:一是强化作用,使受表彰行为得到巩固,使不良行为受到抑制;二是引导作用,使外界教育转化为内在需要的动力;三是激发作用,通过树立先进典型来鼓励先进、促进后进、带动中间。

2.2 工程项目机械设备管理

施工项目的机械设备主要是指作为大型工具使用的大、中、小型各种机械。施工项目机械设备管理主要是指项目经理部针对其所承担的施工项目,运用科学方法优化选择与配备施工机械设备,并且在生产过程中合理使用,进行维修与保养等各项管理工作。

施工项目机械设备管理的环节主要包括选择、合理使用、保养与维修,其关键在于使用,使用的关键在于提高施工机械效率,而提高施工机械效率则必须要提高施工机械的利用率与完好率。通过施工机械设备管理,寻求提高施工机械的利用率与完好率的措施,利用率的提高靠人,而完好率的提高则在于保养维修。

2.2.1 机械设备的分类

机械设备种类众多,分类方法也不尽相同,一般按其作用可分为:输送设备、铸造设备、金属加工设备、动力设备、起重设备、冷冻设备、分离设备、成型与包装设备。

(1)输送设备主要包括气体输送设备(如风机、压缩机、真空泵、液环泵等)与液体输送设备(如各种水泵、液压泵等)。

(2)铸造设备分为砂处理设备与落砂及清理设备。

(3)金属加工设备主要包括锻压设备,例如锤类、剪切机、锻机、弯曲矫正机等。

(4)起重设备主要包括各种桥式起重机、门式起重机、电动葫芦等。

(5)成型与包装设备主要包括压块机、包装机、缝包机等。

2.2.2 机械设备管理的任务

在设备的使用寿命期内,机械设备管理的任务在于科学地选好、管好、养好以及修好机械设备,保持较高的设备完好率与最佳技术状态,从而提高设备的利用率以及劳动生产率,稳定提高工程的质量,以便获得最大的经济效益。

2.2.3 机械设备管理机构及其职责

1. 企业集团在机械设备管理工作中的主要职责

(1)贯彻落实国家、当地政府有关施工企业机械设备管理的方针、政策与法规、条例、规定,制定适应企业集团的管理制度与规定。

(2)负责对企业集团机械设备管理工作的监督、管理,以及业务指导与信息协调服务工作。

(3)组织企业集团内部的机械设备管理工作经验交流、技术业务培训,为所属的公司提供各种相关信息与咨询服务。

(4)协助企业集团直营企业处理好施工现场机械设备的管理工作。

(5)完成上级主管业务部门与行业管理部门以及企业集团领导布置安排的其他有关机械设备的管理工作。

2.企业集团所属公司(以下简称公司)在机械设备管理工作中的主要职责

(1)贯彻落实国家、当地政府与企业集团有关施工企业机械设备管理的方针、政策与法规、条例、规定,制定适应公司的管理制度与规定。

(2)制订公司设备管理工作的年度方针目标与主要工作计划,并且组织专业设备租赁公司与工程项目进行具体实施。

(3)建立健全公司机械设备管理的各项原始记录,做好统计与分析工作。

(4)认真处理好施工现场设备管理与安全使用管理,组织、参与对大型起重设备与成套设备的验收工作,配合好施工生产,以确保使用的设备完好、有效,确保设备的生产能力。

(5)协助工程项目做好设备的使用协调工作,组织好专业机械设备租赁公司与工程项目机务工作人员的相关技术业务培训,提高其管理水平。

3.专业机械设备租赁公司在设备管理工作中的主要职责

(1)贯彻落实国家、当地政府、企业集团与公司有关施工企业机械设备管理的方针、政策与法规、条例、规定,制定适应本公司的管理制度、规定与实施细则。

(2)制订机械设备租赁公司设备管理工作的年度目标、工作计划、安全管理工作指标,以及经济指标、并且组织实施。

(3)建立健全机械设备租赁公司机械设备管理的各个项目的原始记录、设备台账,做好统计与分析工作。

(4)制定、落实机械设备租赁公司设备的各项管理规程、目标、管理制度与各项设备台班定额,充分发挥设备资产效益,确保设备资产的保值与增值。

(5)认真做好施工现场设备管理、服务与安全使用管理工作;认真做好对大型起重设备与成套设备,以及中小型设备的自查、自验与专项检查工作,配合好工程项目文明安全施工生产,确保所使用设备的完好、有效,严禁各种机械设备事故的发生。

(6)积极参与国家、当地政府、企业集团与公司组织的机务工作人员的相关技术业务培训,提高管理水平,树立良好的企业品牌。

4.项目组在机械设备管理工作中的主要职责

(1)贯彻落实国家、当地政府、企业集团与公司有关施工企业机械设备管理的方针、政策与法规、条例、规定,制定适应本工程项目的设备管理制度。

(2)依照施工组织设计,积极寻找具有相应设备租赁资质,起重设备安拆资质,设备性能良好、价格合理、服务优良的设备租赁公司,承租相适应的机械设备。

(3)签订合理的租赁合同,并且组织实施,按合同要求设备租赁公司组织设备进场与退场。

(4)对进入施工现场的机械设备要认真做好组织验收工作,做好验收记录,建立现场设备台账,严禁带有安全隐患的设备进入施工现场。

(5)坚持对执行施工现场所使用的机械设备日巡查、周检查、月专业大检查制度,及时组织对设备的维修与保养,杜绝设备带病运转。

(6)做好设备使用安全技术的交底工作,监督操作者按照设备操作规程操作,设备的操作者必须经过相应的技术培训,考试合格、取得相应设备操作证之后方可上岗操作。

(7)积极参与国家、当地政府、企业集团与公司组织的机务工作人员的相关技术业务培训,提高设备管理水平,严禁各种机械设备事故的发生。

2.2.4 机械设备的使用形式

1. 建筑企业自行装备

建筑企业依据本身的性质、任务类型、施工工艺特点与技术发展趋势购置自有机械,并自行使用。自有机械应该是企业常年大量使用的机械,这样才能够达到较高的机械利用率与经济效果。

2. 租赁

某些大型、专用的特殊建筑机械,通常土建企业自行装备在经济上不合理时,就会由专门的机械供应站(租赁站)装备,以租赁的方式供建筑企业使用。

3. 机械施工合同承包

某些操作复杂或要求人与机械密切配合的机械,可以通过签订租赁合同,然后由专业的机械化施工公司装备,组织专业工程队组承包。例如构件吊装、大型土方等工程。

与使用形式相对应,机械管理体制有集中与分散等几种。大型、专门的特殊机械应该集中使用、集中管理。中小型常用机械应该分散使用、分散管理。但是在不同地区、不同任务分布的情况下,集中和分散的程度,集中或者分散到哪一级机构,则应该通过技术分析来确定,主要取决于达到的机械完好率、利用率与生产率提高的程度与效果。

2.2.5 机械装备的原则

机械装备的总原则为既要满足施工的需要(包括预测到的发展需要),又应该保证所有机械都能发挥最大效率。也就是说既要满足技术要求,又要满足经济要求。具体要考虑以下内容:

(1)因时因地制宜地采用先进技术与适用技术,以适用技术为主,形成多层次的技术装备结构。

(2)有步骤、有重点地优先装备非用机械不可的工程(起重、吊装、打桩等),不用机械难以保证质量与工期的工程(混凝土搅拌、捣固、大量土石方等),或者其他笨重劳动工程(装卸、运输等)。对于消耗大量手工劳动的零星分散作业,应该发展机动工具。

(3)注意配套机械的配套。配套包括两个方面的含义:

①配套是一个工种的全部过程与环节配套;例如混凝土工程,搅拌就应该要做到上料、称量、搅拌与出料的所有过程配套,运输就要做到水平运输、垂直运输与布料的各过程,以及浇灌、振捣等环节均机械化而不致形成瓶颈环节。

②配套是主导机械与辅助机械在规格、数量与生产能力上配套;例如挖土机的斗容量,要求与运土汽车的载重量和数量之间相配套。

(4)注意讲求实效,以经济效果为装备依据。机械的使用首先要充分利用多种形式;其次要有科学的分析计算,使机械装备的选型与数量按照任务类型和规模、通过技术经济分析来确定,以保证机械的适用性,并且能得到充分利用;此外,还应该要做好任务预测与技术发展预测,使机械装备既满足当前需要又适合长远要求。

2.2.6 机械设备的管理计划

1. 机械设备的需求计划

施工机械设备的需求计划一般用于确定施工机械设备的类型、数量、进场时间,可以据此落实施工机械设备来源,组织进场。其编制方法为:把工程施工进度计划表中的每一个施工过程每天所需要的机械设备类型、数量与施工日期进行汇总,得出施工机械设备需要量计划。

2. 机械设备的使用计划

项目经理部应该根据工程需要编制机械设备使用计划,报组织领导或者组织有关部门审批,其编制依据是工程施工组织设计。施工组织设计主要包括工程的施工方案、方法、措施等。同样的工程采用不同的施工方法、生产工艺以及技术安全措施,选配的机械设备也不尽相同。因此编制施工组织设计,应该在考虑合理的施工方法、工艺、技术安全措施的同时,也考虑用什么设备去组织生产,才能最合理、最有效地保证工期与质量,降低生产成本。

机械设备的使用计划通常由项目经理部机械管理员或者施工准备员负责编制。中小型机械设备通常由项目经理部主管经理审批,大型设备经主管项目经理审批以后,报有关职能部门审批,才可实施运作。租赁大型起重机械设备,主要应该考虑机械设备配置的合理性(是否符合使用与安全要求),以及是否符合质量要求(包括租赁企业、安装设备组织的资质要求,设备本身在本地区的注册情况以及年检情况,设备操作人员的资格情况等)。

3. 机械设备的保养计划

机械设备保养的目的是为了保持机械设备良好的技术状态,提高设备运转的可靠性与安全性,减少零件的磨损,从而延长使用寿命,降低消耗,提高经济效益。

2.2.7 机械设备的选择

任何工程项目施工机械设备的合理装备,必须以施工组织设计为依据。首先,对机械设备技术经济进行分析,要选择既能满足生产、技术先进而又经济合理的机械设备。结合施工组织设计,分析自装、购买与租赁的分界点,进行合理装备。其次,现场施工机械设备的装备必须要配套,使设备在性能、能力等方面相互匹配。若设备数量多,但是相互之间不配套,不仅机械设备的性能不能充分发挥,而且也会造成经济浪费。所以不能片面地认为机械设备的数量越多,机械化水平就越高,就一定能带来好的经济效果。现场施工机械设备的配套必须考虑主机与辅机的配套关系,综合机械化组列中前后工序机械设备之间的配套关系,以及大、中、小型施工机械及动力工具的多层次结构的合理比例关系。

同时,在选择机械设备的时候必须要根据各种机械设备的性能与特点,避免出现“大机小用”、“精机粗用”,以及所选用机械设备超负荷运转等现象。

2.2.8 机械设备的使用管理

(1)人机固定,实行机械使用、保养责任制,把机械设备的使用效益与个人经济利益联系起来。

(2)实行操作证制度,专机的专门操作人员必须要经过培训与统一考试,确认合格,发给驾驶证。这是保证机械设备得到合理使用的一个必要条件。

(3)操作人员必须坚持搞好机械设备的日常维护与修理。

(4)遵守合理使用规定,这样可以防止机件早期磨损,延长机械使用寿命与修理周期。

(5)实行单机或机组核算,依据考核的成绩实行奖惩,这也是提高机械设备管理水平的一项重要措施。

(6)建立设备档案制度,这样就能够了解设备的情况,便于使用和维修。

(7)合理组织机械设备施工,必须要加强维修管理,提高机械设备的完好率与单机效率,并合理地组织机械的调配,搞好施工的计划工作。

(8)培养机务队伍,应该采取办训练班、进行岗位练兵等形式,有计划、有步骤地做好培养与提高工作。

(9)搞好机械设备的综合利用。机械设备的综合利用是指现场安装的施工机械尽量做到一机多用。特别是垂直运输机械,必须综合利用。它负责垂直运输各种构件材料,同时作回转范围内的水平运输与装卸车等。因此要按小时安排好机械的工作,充分利用时间,从而大力提高其利用率。

(10)要组织好机械设备的流水施工。当施工的推进主要靠机械而不是人力时,划分施工段的大小必须要考虑机械的服务能力,把机段作为分段的决定性因素。要使机械连续作业,不停歇,必要时要“歇人不歇马”,使机械三班作业。一个施工项目有多个单位工程时,应该使机械在单位工程之间流水,减少进出场时间与装卸费用。

(11)项目经理部在机械作业之前应该向操作人员进行安全操作交底,使操作人员对施工要求、场地环境、气候等安全生产要素有清楚的了解。项目经理部按照机械设备的安全操作要求安排工作与进行指挥,不得要求操作人员违章作业,也不得强令机械带病操作,更不得指挥与允许操作人员野蛮施工。

(12)为机械设备的施工创造良好的条件。现场环境、施工平面图布置应该适合机械作业要求,交通道路畅通无障碍,夜间施工要安排好照明。协助机械部门落实现场机械标准化。

2.2.9 机械设备的保养和维修

1. 机械设备的磨损

机械设备的磨损可以分为以下三个阶段:

第一阶段:磨合磨损。它是初期磨损,包括制造或者大修理中的磨合磨损和使用初期的走合磨损,此段时间较短。这时,只要执行适当的走合期使用规定就可以降低初期磨损,延长机械使用寿命。

第二阶段:正常工作磨损。此阶段零件经过走合磨损,光洁度提高了,磨损较少,在较长时间内基本会处于稳定的均匀磨损状态。此阶段后期,条件会逐渐变坏,磨损就逐渐加快,进入第三阶段。

第三阶段:事故性磨损。这时,由于零件配合的间隙扩展而负荷加大,磨损激增,可能很快磨损。若磨损程度超过了极限不及时修理,便会引起事故性损坏,造成修理困难与经济损失。

2. 机械设备的保养

机械设备的保养分为例行保养和强制保养。例行保养属于正常使用管理工作,它不占据机械设备的运转时间,由操作人员在机械运转的间隙进行。其主要内容包括:保持机械的清洁;检查运转情况;防止机械腐蚀;按照技术要求润滑等。强制保养是指隔一定周期,需要占用机械设备的运转时间而停工进行的保养。强制保养是按一定周期和内容分级进行的。保养周期依据各类机械设备的磨损规律、作业条件、操作维护水平以及经济性四个主要因素确定。

3. 机械设备的修理

机械设备的修理是指对机械设备的自然损耗进行修复,排除机械运行的故障,对损坏的零部件进行更换与修复。对机械设备的预检与修理,可保证机械的使用效率,延长使用寿命。

施工项目所需要的机械设备的保养与小修。保养与零星小修通常是临时安排的修理,其目的是消除操作人员无力排除的突然故障、个别零件损坏,或者一般事故性损坏等问题,通常都是和保养相结合,不列入修理计划之中。

2.2.10 机械设备事故发生的原因及预防措施

为了防止施工现场发生机械设备事故,项目经理应该抓好以下工作:

(1)项目部首先应该制定预防机械安全事故的措施:

1)建立项目机械设备管理责任制与管理体系,配备机械专业管理人员。

2)编制机械事故安全生产的应急救援预案。预案内容主要有:明确项目应急救援组织机构、职责,制定包括险情排除流程在内的事故应急救援程序,制定受伤人员的抢救措施。

(2)当施工现场发生机械事故时,项目经理应该按照要求进行事故处置:

1)项目经理立即到达事故现场,重大机械事故应该按照建设工程安全生产重大事故以及重大隐患处理规定要求,及时上报政府主管部门及上级单位。按事故应急救援预案,组织现场人员实施救援抢险,大型起重机械抢险应该由专业应急队伍负责。

2)事故排险步骤:布置划出事故安全警戒区,保护事故现场;组织人员或者由应急抢险队先行救助受伤人员;清理事故现场,排除险情,以防出现次生灾害。

3)分析事故:项目经理应该在险情排除后,组织对发生事故的原因进行认真分析;疑难问题可请专家进行论证分析，找出造成事故的全部原因。

4）事故处理：项目经理应该根据事故原因提出事故处理意见，对事故的责任人进行处理；对施工现场可能存在的安全隐患进行全面的排查，制定防止类似事故再次发生的预防措施；在项目部内部对全体管理人员，以及劳务人员进行相应的安全与责任教育。

2.3 工程项目材料管理

施工项目材料管理一般是指项目经理部为了顺利完成工程项目施工任务、合理使用与节约材料、努力降低材料成本，所进行的材料计划、订货采购、运输、库存保管、供应、加工、使用与回收等一系列的组织与管理工作。

施工材料是施工项目最重要的生产要素之一，根据有关资料统计，施工材料费用约占工程总成本70%。因此，加强材料管理，是降低施工成本与企业盈利的潜力所在。

2.3.1 材料分类

施工项目使用的材料数量大、品种多，对工程成本与质量的影响不同。企业将所需要的物资进行分类管理，既能发挥各级物资的作用，也可以尽可能减少中间环节。目前，大部分企业在对物资进行分类管理时，均运用了“ABC分类法”的原理，即关键的少数，次要的多数，依据物资对本企业质量与成本的影响程度与物资管理体制将物资分成了A、B、C三类进行管理。

1. 分类的依据

(1)依据物资对工程质量与成本的影响程度分类。对工程质量有直接影响的，关系用户使用寿命与效果的，占工程成本较大的物资通常为A类；对工程质量有间接影响的，为工程实体消耗的可分为B类；辅助材料，占工程成本较小的为C类。

(2)根据企业管理制度与物资管理制度分类。由总部主管部门负责采购供应的为A类，其余的为B、C类。

2. 分类的内容

物资分类包括A类、B类与C类。

(1)A类物资。

1）钢材。钢材的涵盖范围通常很广，包括各类钢筋与各类型钢。

2）水泥材料。水泥材料是指各种等级袋装水泥、散装水泥、装饰工程用水泥与特种水泥等。

3）木材。木材的具体种类包括各类板、方材，木、竹制模板，装饰、装修工程用各类木制品。

4）装饰材料。装饰材料的具体种类包括精装修所使用的各类材料，各类门窗及配件，高级五金等。

5）机电材料。机电材料的具体种类包括工程所用的电线、电缆、各类开关、阀门、安装设备等机电产品。

6）工程机械设备。工程机械设备主要是指公司自购的各类加工设备，租赁用的自升式塔式起重机以及外用电梯等。

(2)B 类物资。

1)防水材料。防水材料通常是指室内外所有的各类防水材料。

2)保温材料。保温材料的具体种类包括内外墙保温材料,施工过程中的混凝土保温材料,以及工程中管道保温材料等。

3)地方材料。地方材料主要是指砂石与各种砌筑材料等。

4)安全防护用具。安全防护用具的具体种类主要包括安全网、安全帽,以及安全带等。

5)租赁设备。租赁设备主要包括钢筋加工设备、木材加工设备、电动工具、钢模板、架料以及井字架等。

6)建材。建材主要是指各类建筑胶,PVC 管以及各类腻子等。

7)五金。五金主要是指退火钢丝、电焊条、圆钉、钢丝、钢丝绳等。

8)工具。工具主要是指单价在 400 元以上的手用工具。

(3)C 类物资。

1)油漆。油漆主要包括临建用的调和漆以及机械维修所用的材料等。

2)小五金。小五金与五金所指的具体种类不同,小五金主要是指临建所使用的五金。

3)杂品。

4)工具。C 类物资中的工具所指的概念与 B 类物资中的工具不同。C 类物资中的工具主要是指单价在 400 元以下的手用工具。

5)劳保产品。劳保产品的具体种类按照公司行政人事部的有关规定执行。

2.3.2 材料管理的特点和意义

1. 材料管理的特点

(1)材料供应具有多样性与多变性。

(2)材料消耗具有不均衡性,并且容易受季节性影响。

(3)材料管理容易受运输方式与运输环节的影响。

2. 材料管理的意义

材料管理是工程项目生产要素管理的一个重要的组成部分,因此,做好材料管理对于工程项目建设具有重要的实际意义。

(1)材料管理是保证施工生产顺利进行的先决条件。

(2)材料管理是提高工程质量的重要保障。

(3)有效的材料管理可以保证工期按期甚至提前完成。

(4)有效的材料管理可以降低工程成本,减少工程投资。

(5)有效的材料管理可以加速流动资金的周转,从而减少工种投入中流动资金的占用。

(6)有效的材料管理可以调动劳动者的生产积极性,有利于劳动生产率的提高。

(7)有效的材料管理有利于带动现场管理水平的提高。

2.3.3　材料管理的任务

(1)项目经理部应该及时向企业材料管理机构提交各种材料采购计划,并且签订相应的材料采购合同,实施材料的计划管理。

(2)加强现场材料的验收以及储存保管;建立材料领发与退料登记的制度;监督材料的使用,实施材料的定额消耗管理。

(3)大力探索节约材料、研究代用材料、降低材料成本的新技术、新手段、新途径与先进的、前沿的科学方法,例如 ABC 分类法、库存技术方法、价值分析法等。

(4)建立施工项目材料管理的岗位责任制。施工项目经理是材料管理的全面领导责任者;施工项目经理部主管材料员是施工现场材料管理的直接责任者;班组料具员要在主管材料员业务的指导下,协助班组长组织监督本班组合理领、用、退料。

2.3.4　材料采购管理

1. 编好材料采购计划

编制材料采购计划的主要流程如图 2.1 所示。

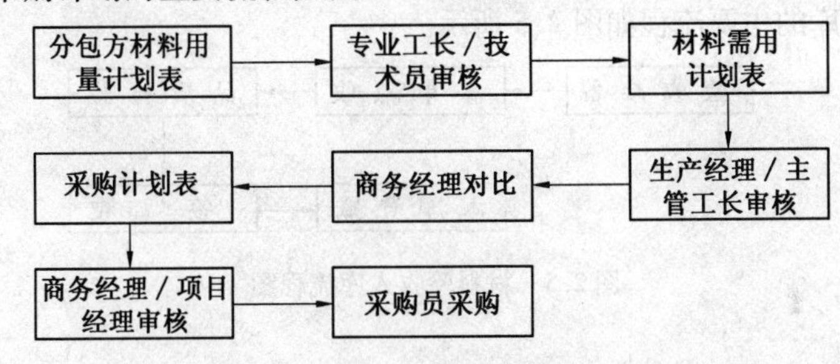

图 2.1　编制材料采购计划流程图

2. 做好材料采购管理

材料采购的主要流程如图 2.2 所示。

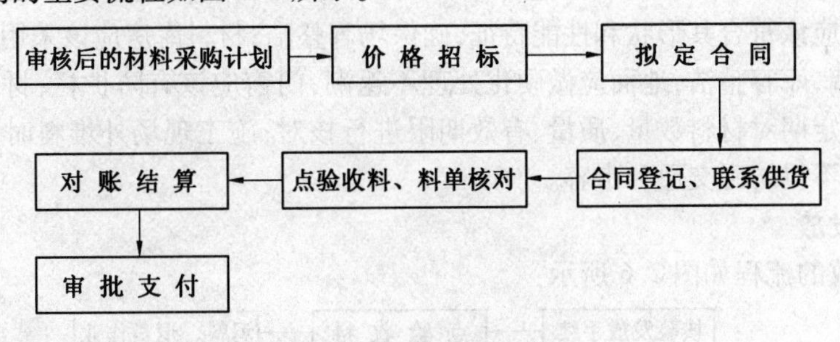

图 2.2　材料采购流程图

3. 做好材料委托加工管理

材料委托加工的主要流程如图 2.3 所示。

4. 做好材料供应商管理

材料供应商管理的主要流程如图 2.4 所示。

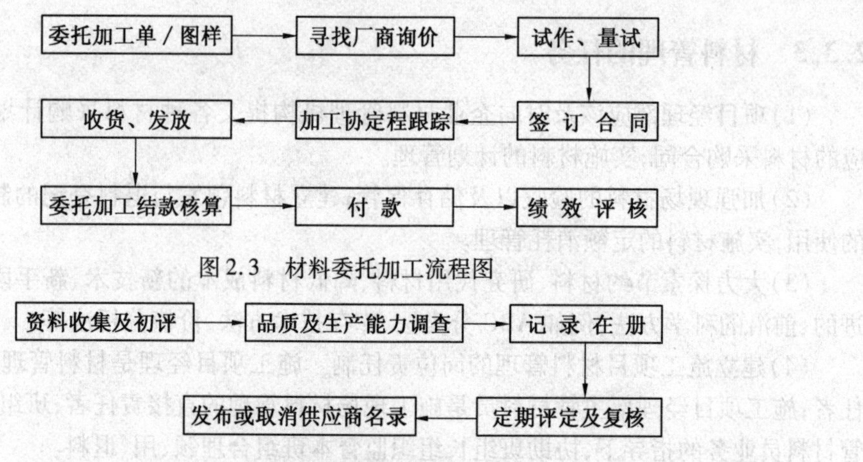

图2.3　材料委托加工流程图

资料收集及初评 → 品质及生产能力调查 → 记 录 在 册 → 定期评定及复核 → 发布或取消供应商名录

图2.4　材料供应商管理流程图

2.3.5　材料验收入库、储存及发放过程管理

1. 材料验收入库

材料验收入库的主要流程如图2.5所示。

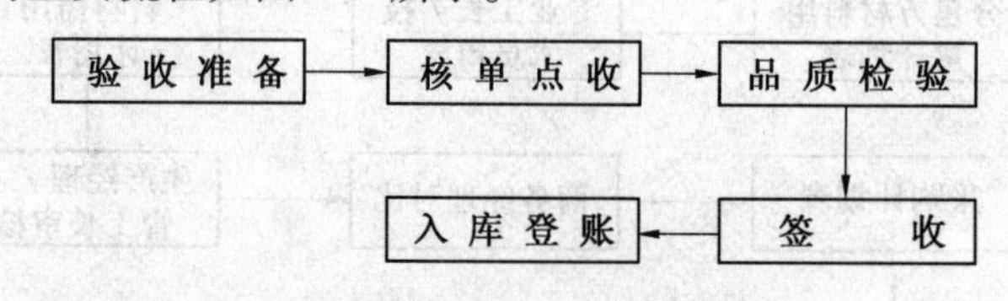

图2.5　材料验收入库流程图

2. 材料储存

材料验收合格以后，应依据现场平面图和物资性能正确选择存放场所；易燃易爆材料、油化燃料应该单独设库存放，严禁在建筑物内存放或者与其他材料混放；对温度、湿度要求较高的材料需入库存放；不需仓储条件的材料可以在棚内或露天存放，但要上毡下垫；材料码放应该符合其形状和性能特征，确保场容整洁；材料库房应该采用正规房屋，要做到制度上墙，库容整洁，地面应做硬化处理不返潮，门窗应该有防护栏；材料保管、保养过程中，应该定期对材料数量、质量、有效期限进行核对；施工现场外堆料时，应该办理相关审批手续，不得妨碍交通和市容。

3. 材料发放

材料发放的流程如图2.6所示：

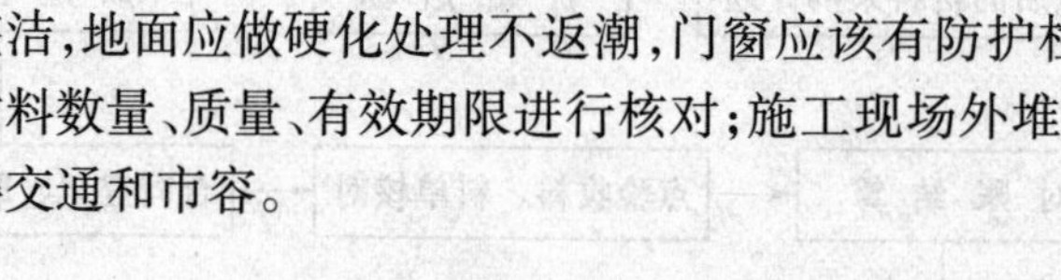

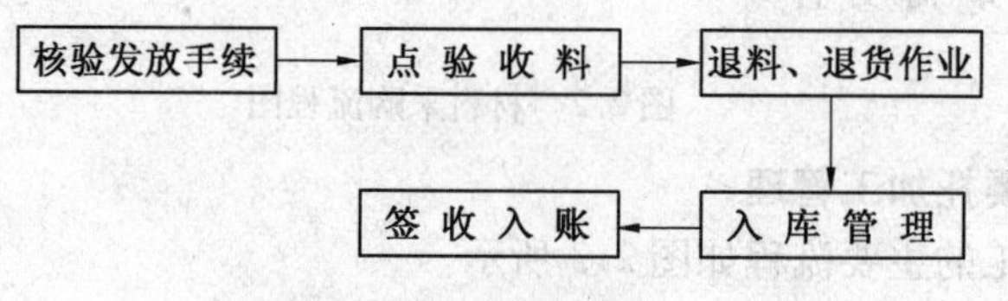

图2.6　材料发放流程图

2.3.6 材料使用过程管理

1. 周转材料管理

周转材料管理的流程如图 2.7 所示。

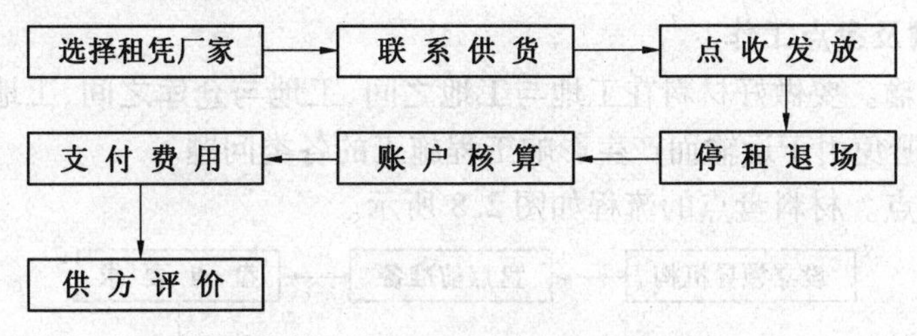

图 2.7 周转材料管理流程图

2. 材料使用过程中的核算

架子管、卡扣等架子体系用料，要按工程的架子方案的用量分期、分批进场，掌握好批量和批次，避免积压；支撑体系与模板用量要按工程的模板方案进行配置，分期分批进场；钢筋用量要按照翻样单进行配置，依据工程进度顺序配置，避免积压、浪费。混凝土用量要以流水段为单位进行核算，当日使用的混凝土需先算清使用量，等当日完工后，要对实际使用量与预算量进行对比；每月坚持成本会制度，依据当月生产进度确定的不同材料的预算收入数量和金额，与本月实际支出数量与金额进行对比，对盈亏情况进行对比，找出问题原因，将问题解决在当月。

3. 对外分包单位的材料管理

(1)外分包单位使用的材料与甲方供应的材料在进场之前报送以下资料：单位技术部门供应厂商的相关技术资料、产品合格证、营业执照；厂商供应材料的近期检测报告，审批资料与专业部门的批复资料。供方提供的技术资料、材质单、合格证需加盖供方印章，且按要求交付专业部门存档，交付时双方要有交接记录与手续。

(2)外分包单位进入施工现场的物资，收料、保管、发放，以及使用一律由外分包单位负责。

(3)进入施工现场需要有复试的材料，由项目部材料员填制《原材料进场通知单》送试验室复检，经检测合格后才可使用。

(4)甲供材料进场以后，与甲方人员共同签收，做好相应的验收记录，并填写甲方供应材料台账，期末与甲方及时核对，并且把签认结果送项目部财务部门、商务经理等有关部门及人员。

4. 能源(水、电)管理

要认真贯彻落实《中华人民共和国节约能源法》和所在地政府制定的有关节约能源的法规。要配备专(兼)职人员抓节能管理工作，坚持“依法管理、强化监督”；加强定额限额管理与量化考核，认真执行万元产值消耗定额和产品消耗定额；加强对施工现场与生活区节能管理；做好能源消耗原始记录、统计台账等日常管理工作；促进节能技术进步，推广节能产品和器具。

5.废旧材料处理

废旧材料处理要坚持"公正、透明"原则;处理前应该由生产部门、技术部门确认已没有使用价值,经项目经理同意且报上级主管部门审批;可采用招投标方法处理,要求参与的单位必须有资质,并不得少于3家;处理之前预收货款,按多退少补原则办理。

6.材料运输及盘点工作

(1)材料运输。要做好材料在工地与工地之间、工地与仓库之间、工地与合作厂家之间的运输工作,避免由于运输而产生影响工程施工的各类问题。

(2)材料盘点。材料盘点的流程如图2.8所示。

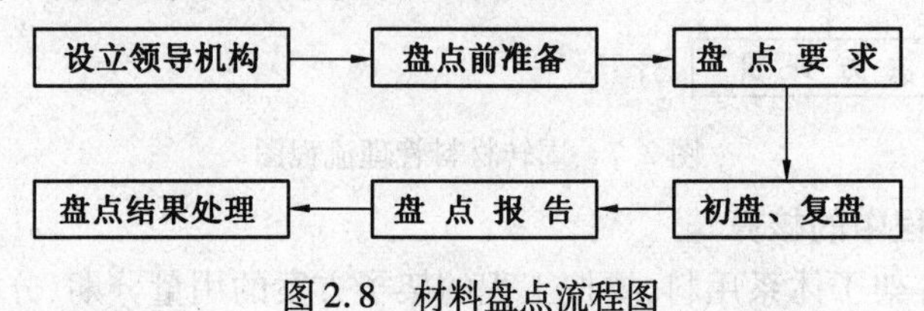

图2.8 材料盘点流程图

2.4 工程项目技术管理

2.4.1 技术管理的概念

施工项目技术管理,是指对所承包的(或者所负责的)工程的各项技术活动与构成施工技术的各项要素进行计划、组织、指挥、协调与控制的总称。它是项目管理的一个重要构成部分。即通过科学管理,正确地贯彻执行国家颁布的相关规范、规程与上级制定的各项管理制度,应用先进的施工技术与切实可行的管理措施,准确地将工程项目设计要求贯穿到施工生产的各个过程,多、快、好、省地生产出合格的建筑产品。

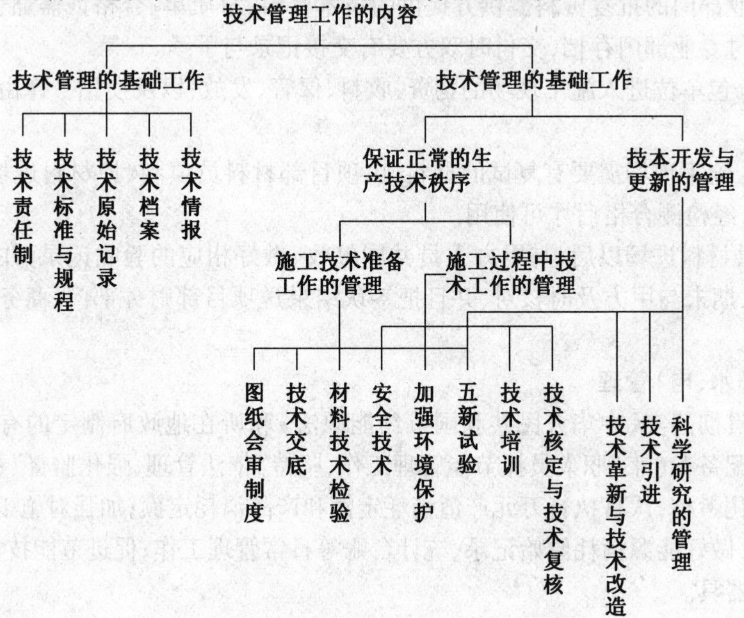

图2.9 建筑企业技术管理工作内容

2.4.2 技术管理工作的内容

建筑企业技术管理工作的主要内容如图 2.9 所示。从图中看来,建筑企业技术管理的工作内容包括基础工作与基本工作两个部分。技术管理的基本工作是紧紧围绕技术管理的基本任务展开的,它与技术管理的基础工作之间是相辅相成、相互依赖的关系,技术管理的基础工作是为有效地开展技术管理的基本工作开道。所以,建筑企业只有系统地做好上述技术管理工作,才得以能保证企业生产技术活动正常进行,生产技术装备水平、工程质量、劳动生产率与经济效益不断提高,从而增强企业的技术经济活动力量,使自身不断发展与壮大。

此外,技术管理工作还应该包括建立健全技术管理机构,编制企业技术发展未来规划,开展技术经济分析工作等相关内容。

应该指出,技术管理的一些工作是与其他有关职能部门协同完成的,如编制与贯彻施工组织设计与施工工艺文件、组织材料技术检验、加强安全技术措施、开展技术培训、质量管理等,应该分别与计划、施工、材料、劳动、设备与质量等职能部门协同进行,相互配合,各负其责。

2.4.3 项目经理在技术管理中应注意的重点环节

项目的技术管理工作在项目管理中发挥着日益重要的作用,技术管理的内容通常包括技术管理基础性工作、施工过程的技术管理工作、技术开发工作、技术经济分析和评价等。

项目的技术管理工作是在企业管理层与项目经理的组织领导下进行的,项目经理应该注意抓好以下重点环节:

(1)充分赞成与支持技术负责人开展技术管理工作,在制订生产计划、组织生产协调与重点生产部位管理等方面,要发挥技术管理职能的作用。

(2)依据项目规模设技术负责人,建立项目技术管理体系并且与企业技术管理体系相适应。执行技术政策、接受企业的技术领导和各种技术服务,组织建立并且实施技术管理制度;建立技术管理责任制,明确技术负责人、技术人员以及各岗位人员的技术责任。

(3)认真组织图纸会审,主持领导制定施工组织设计,指导并且规范工程洽商的管理。根据工作特点与关键部位情况,考虑施工部署与方法、工序搭接与配合(包括水、电、设备安装以及分包单位的配合)、材料设备的调配,组织技术人员熟悉与审查图纸并且参与讨论,决定关键分项工程的施工方法与工艺措施,对于所出现的施工操作、材料设备或者与施工图纸本身有关的问题,要及时与建设单位以及设计部门进行沟通、办理洽商手续或者设计变更。重视工程洽商的管理工作,规范工程洽商的管理程序和要求。

(4)重视技术创新开发活动,决定重要的科学研究、技术改造、技术革新,以及新技术试验项目等。

(5)定期主持召开生产技术协调会议,协调工序之间的技术矛盾、解决技术难题与布置任务。

(6)经常巡视施工现场与重点部位,检查各工序的施工操作、原材料使用、工序搭接、施工质量,以及安全生产等各方面的情况。总结出优缺点、经验教训、薄弱环节等,及时提出注意事项与应采取的相关措施。

2.4.4 技术管理的组织体系

目前,我国建筑企业一般实行以公司总工程师为首的三级技术管理组织体系,如图2.10所示。

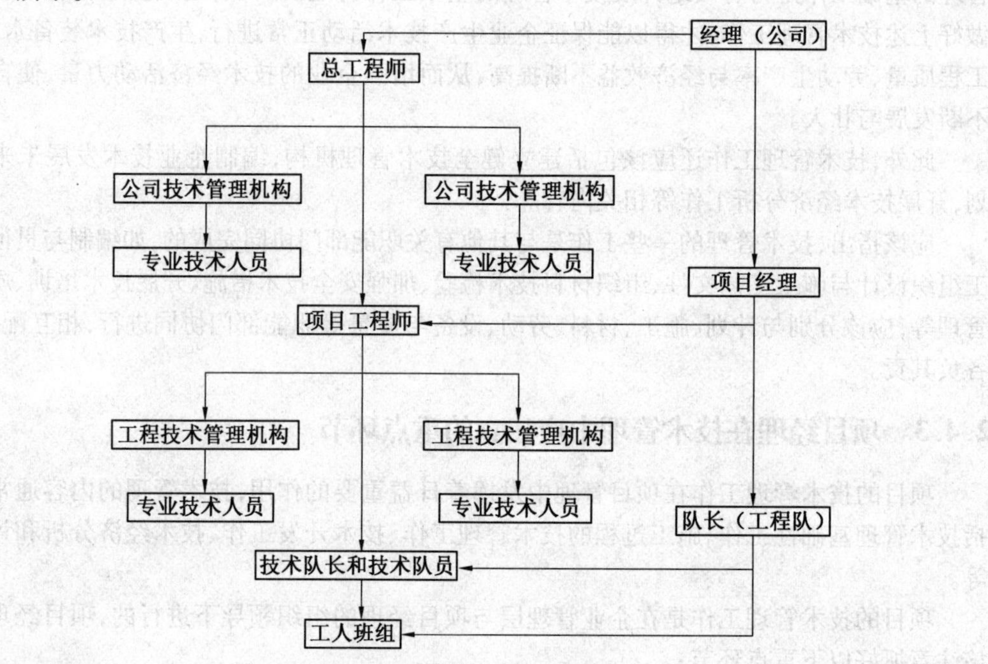

图2.10 三级技术管理组织体系

总工程师是企业生产技术的总负责人,其在企业经理的领导下,对施工生产技术工作全面负责。技术职能机构则是同级领导人的工作助手,接受同级技术负责人的领导,并从技术上向同级技术领导人负责。

总工程师、项目工程师、技术队长或者主管技术人员组成了三级技术领导责任制。职能机构的技术责任,专职人员技术责任制及工人技术操作岗位责任制,共同构成施工企业的技术管理体制。

2.4.5 技术责任制体系

1.技术责任制的分类与原则

(1)技术责任制的分类。

1)技术领导责任制:规定总工程师、主任工程师及技术队长的职责范围。

2)技术管理机构责任制:规定公司、工程处及施工队各级技术管理机构的职责范围。

3)技术管理人员责任制:规定各级技术管理机构的技术人员的职责范围。

4)工人技术责任制。

(2)技术责任制的原则。在这四种责任制体系中,按照顺序后一类是前一类的基础。

上级技术负责人有权对下级技术人员发布指令,安排各项技术工作,研究技术问题,作出各项技术规定。下级技术负责人应该服从上级技术负责人的领导。

2. 总工程师的主要职责

(1)组织贯彻国家颁发的有关技术政策与技术标准、规范、规程、规定及各项技术管理制度。

(2)主持编制与执行企业的技术发展规划与技术组织措施。

(3)领导大型建设项目与特殊工程的施工组织总设计,组织审批公司及工程处上报的施工组织设计、技术文件等。

(4)参加大型建设项目与特殊工程设计方案和会审,参与引进项目的技术考察与谈判,处理重大的技术核定工作。

(5)主持技术工作会议,发展技术民主,研究施工中的重大技术问题。

(6)组织与指导有关工作质量、安全技术等检查与监督工作,负责处理重大质量、安全事故,并且在调查研究基础上提出技术鉴定与处理方案。

(7)组织与领导对技术革新和发明创造的审查与鉴定工作,组织领导新技术、新材料、新结构的试验、推广与使用工作。

(8)解决处理总分包交叉施工协作配合中的重大技术问题。

(9)组织与领导对职工的技术培训工作,负责对所属技术人员的了解、使用、培养工作,参加对技术人员的安排使用、晋级与奖惩问题的审议和决定工作。

(10)负责计划、组织与监督检查工作技术档案和资料情报的建设、管理与利用工作。

3. 项目工程师的主要职责(大型项目)

(1)领导组织技术人员学习贯彻执行各项目技术政策、技术规范、技术规程、技术标准与各项技术管理制度。

(2)主持编制项目的施工组织设计,审批单位工程施工方案。

(3)主持图纸会审与重点工程的技术交底,审批技术文件。

(4)组织制订保证工程质量及安全施工的技术措施。

(5)主持重要工程的质量,安全检查,处理质量事故等。

(6)深入施工现场,指导施工,督促单位工程技术负责人遵守规范、规程与按图施工,发现问题并及时解决问题。

4. 技术队长(或者小项目技术主管)的主要职责

(1)直接领导施工员、技术员等职能人员的技术工作;领导施工队的技术学习;组织施工队人员熟悉图纸,编制分项工程施工方案与简单工程的施工组织设计且上报审批。并贯彻执行上级下达与审批的施工组织设计和分项工程施工方案。

(2)参与会审图纸、单位工程技术交底,且向单位工程技术负责人以及有关人员进行技术交底;负责指导施工队按设计图纸、规范等进行施工;负责组织复查单位工程的测量定位、抄平放线、质量检查工作,参加隐蔽工程验收和分部分项工程的质量评定,发现问题及时处理或向上级报告请示解决。

(3)参与重大质量事故的处理。

(4)负责组织工程档案中各项技术资料的签证、收集、整理并汇总上报。

2.5 工程项目资金管理

工程项目资金管理项目资金管理主要包括以下几个方面：

(1)项目资金管理应该保证收入、节约支出、防范风险与提高经济效益。

(2)企业应该在财务部门设立项目专用账号进行项目资金的收支预测、统一对外收支和结算。项目经理部负责项目资金的使用与管理。

(3)项目经理部应该编制年、季、月度资金收支计划，上报企业财务部门审批之后实施。

(4)项目经理部应该按企业授权配合企业财务部门及时进行资金计收。资金计收需要符合下列要求：

1)新开工项目按照工程施工合同收取预付款或者开办费。

2)依据月度统计报表编制“工程进度款结算单”，在规定日期内报监理工程师审批、结算。若发包人不能按期支付工程进度款并且超过合同支付的最后限期，项目经理部应向发包人出具付款违约通知书，且按银行的同期贷款利率计息。

3)依据工程变更记录与证明发包人违约的材料，及时计算索赔金额，列入工程进度款结算单。

4)发包人委托代购的工程设备或者材料，必须签订代购合同，收取设备订货预付款或者代购款。

5)工程材料价差应该按规定计算，发包人应该及时确认，并与进度款一起收取。

6)工期奖、质量奖、措施奖、不可预见费，以及索赔款应该根据施工合同规定与工程进度款同时收取。

7)工程尾款应该根据发包人认可的工程结算金额及时回收。

(5)项目经理部应该按企业下达的用款计划控制资金使用，以收定支，节约开支；应该按会计制度规定设立财务台账记录资金的支出情况，加强财务核算，及时盘点盈亏。

(6)项目经理部应该坚持做好项目的资金分析，进行计划收支与实际收支对比分析，找出差异，研究原因，改进资金管理。项目竣工之后，结合成本核算与分析进行资金收支情况与经济效益总分析，上报企业有关主管部门备案。企业应该根据项目的资金管理效果对项目经理部进行相应奖惩。

3 施工现场安全管理

3.1 安全生产管理基础知识

1. 施工项目安全管理

施工项目安全管理就是指施工项目在施工过程中,组织安全生产的全部管理活动,通过对生产要素过程的控制,使生产要素的不安全行为与状态减少或者消除,达到减少一般事故、杜绝伤亡事故,从而确保安全管理目标的实现。

2. 安全生产管理的目标

安全生产管理目标是指项目依据企业的整体目标,在分析外部环境与内部条件的基础上,确定安全生产所要达到的目标,且采取一系列措施去努力实现这些目标的活动过程。

3. 项目安全管理的原则

安全管理是一门动态的、综合性的管理科学,为了有效地将生产因素的状态控制好,在实施安全管理的过程中,必须要正确处理各种关系,坚持基本的管理原则。

(1)坚持一手抓生产,一手抓安全,两手都要硬的原则。生产是人类社会存在与发展的基础,安全是表征生产过程中人、物、环境处于非危险界面的某种相对状态。安全是生产的保证,生产使安全的存在具有内涵与意义。

安全管理是生产管理的重要组成部分,有了生产才有了安全保障,生产能持续、稳定发展,尽管安全与生产有时会出现矛盾,但是从安全、生产管理的目标、目的来看,两者存在共同管理的基础,表现出高度的统一与完全的一致。

在项目管理中,抓生产管理的同时必须要抓安全管理,两者不可偏废。坚持这个原则,就必须要做到在向各级领导人员明确安全管理责任的同时,也应向一切与生产有关的人员、机构明确其业务范围内的安全责任,消除那种认为安全管理只是安全部门的事的片面看法。

(2)坚持预防为主的原则。坚持预防为主,必须端正消除不安全因素的态度,提高对生产中不安全因素的了解,选准消除不安全因素的时机。在生产的过程中,经常检查、及时发现不安全因素,采取措施,明确责任,尽快地予以消除,是安全管理应有的鲜明态度。生产中,人的具体不安全行为或物与环境的具体不安全状态,以及管理上的缺陷均会诱使事故的发生,提高对这些诱因的分析能够明显提高安全管理的质量。在安全参与布置生产内容时,针对施工生产中可能出现的危险因素,采取措施予以消除是最好的选择。

(3)坚持全员、全过程、全方位、全天候的动态管理原则。安全管理是一个复杂的系统工程,它关系到生产活动的方方面面,涉及从开工至竣工交付的全部生产过程、所有的生产时间、一切变化着的生产因素。因此,安全管理不是少数人与安全机构的事,而是一切与生产相关的人共同的事情,缺乏全员的参与,安全管理不会有生气,也不会出现好的管理效果。当然,这并非否定安全管理第一责任人与安全机构的作用。生产组织者在安全管理中的作用固然重要,但全员性参与管理也十分重要。安全管理也不是一时行为,它贯穿项目过程的始终,伴随项目递进发展动态地跟进管理。安全管理也不是只抓一点一滴,它必须涉及项目内容的所有方面,一刻也不能间断放松。

(4)坚持重在控制、适当约束的原则。在安全管理的四项主要内容中,虽然均是为了达到安全管理的目的,但对生产因素状态的控制,与安全管理目的关系更为直接,显得更为突出。因此,对生产中人的不安全行为与物的不安全状态的控制,必须看作是动态的安全管理的关键。事故的发生,是因为人的不安全行为运动轨迹与物的不安全状态运动轨迹的交叉。从事故发生的原理,也说明了对生产因素状态的控制,应该作为安全管理重点,而不能把约束作为安全管理的重点,是因为约束缺乏带有强制性的手段。

(5)坚持安全与速度互保、安全与效益兼顾的原则。安全是速度的保障,没有安全就没有速度,没有安全的速度是不现实的。离开安全而求速度,即便偶尔侥幸得逞,但终究不会长久,缺乏真实与可靠,一旦酿成不幸,非但无速度可言,反而会遭受损失,延误时间。速度是安全的体现与目标之一,而强调安全管理的目的之一就是要求,应追求安全加速度而尽力避免安全减速度。当速度与安全发生矛盾时,应暂时减缓速度,采取相应措施排除不安全因素,保证安全。

从价值角度看,施工企业总是谋求以最小的投入获得最大的产出,效益是施工企业长期的、根本的经营目标。安全是效益的前提条件,安全技术措施的实施,一定会改善劳动条件,调动职工积极性,因此,在追求企业整体效益的同时,必须要提高安全管理的效益。在安全管理中,投入要适度、适当,统筹安排,精打细算。既要保证安全,又要经济合理,还要考虑力所能及。单纯为了省钱而忽视安全生产,或者单纯追求安全而不惜资金的盲目高标准,均是不可取的。

(6)坚持在管理中发展、提高的原则。既然安全管理是在变化着的生产活动中的管理,是一种动态,其管理就意味着也是不断发展、不断变化的,以适应变化的生产活动,消除新的危险因素。然而更为关键的是不间断地摸索新的规律,总结管理、控制的办法和经验,指导新的变化后的管理,从而使安全管理不断地上升到新高度。

4. 安全生产目标管理的基本内容

安全生产目标管理的基本内容包括目标体系的确定,目标的实施与目标成果的检查和考核。其主要包括以下几个方面:

(1)确定切实可行的目标值。采用科学的目标预测法,依据需要和可能,采取系统分析的方法,确定适当的目标值,并且研究围绕达到目标应采取的措施与手段。

(2)依据安全目标的要求,制定实施方法,做到有具体的保证措施,力求量化,以便于实施和考核,包括组织技术措施,明确完成程序与时间、承担具体责任的负责人,并且签订承诺书。

(3)规定具体的考核标准与奖惩办法,需要认真贯彻执行《安全生产目标管理考核标准》。

(4)安全生产目标管理必须要与安全生产责任制挂钩。层层分解,逐级负责,充分调动各级组织与全体员工的积极性,确保安全生产管理目标的实现。

(5)安全生产目标管理必须要与企业生产经营资产经营承包责任制挂钩,作为整个企业目标管理的一个十分重要的组成部分,实行经营管理者任期目标责任制、租赁制与各种经营承包责任制的单位负责人,应该把安全生产目标管理实现与他们的经济收入与荣誉挂钩,严格考核,兑现奖罚。

3.2　安全生产责任制

3.2.1　项目经理部安全生产职责

(1)项目经理部是安全生产工作的载体,具体组织和实施项目安全生产、文明施工、环境保护工作,对本项目工程的安全生产负全面责任。

(2)贯彻落实各项安全生产的法律、法规、规章、制度,组织实施各项安全管理工作,完成各项考核指标。

(3)建立并完善项目部安全生产责任制和安全考核评价体系,积极开展各项安全活动,监督、控制分包队伍执行安全规定,履行安全职责。

(4)发生伤亡事故及时上报,并保护好事故现场,积极抢救伤员,认真配合事故调查组开展伤亡事故的调查和分析,按照"四不放过"原则,落实整改防范措施,对责任人员进行处理。

3.2.2　项目部各级人员安全生产责任

1. 工程项目经理

(1)工程项目经理是项目工程安全生产的第一责任人,对项目工程经营生产全过程中的安全负全面领导责任。

(2)工程项目经理必须经过专门的安全培训考核,取得项目管理人员安全生产资格证书,方可上岗。

(3)贯彻落实各项安全生产规章制度,结合工程项目特点及施工性质,制订有针对性的安全生产管理办法和实施细则,并落实实施。

(4)在组织项目施工、聘用业务人员时,要根据工程特点、施工人数、施工专业等情况,按规定配备一定数量和素质的专职安全员,确定安全管理体系;明确各级人员和分承包方的安全责任和考核指标,并制订考核办法。

(5)健全和完善用工管理制度,录用外协施工队伍必须及时向人事劳务部门、安全部门申报,必须事先审核注册、持证等情况,对工人进行三级安全教育后,方准入场上岗。

(6)负责施工组织设计、施工方案、安全技术措施的组织落实工作,组织并督促工程项目安全技术交底制度、设施设备验收制度的实施。

(7)领导、组织施工现场每旬一次的定期安全生产检查,发现施工中的不安全问题,组织制订整改措施及时解决;对上级提出的安全生产与管理方面的问题,要在限期内定时、定人、定措施予以解决;接到政府部门安全监察指令书和重大安全隐患通知单,应立即停止施工，组织力量进行整改。隐患消除后，必须报请上级部门验收合格，才能恢复施工。

(8)在工程项目施工中，采用新设备、新技术、新工艺、新材料，必须编制科学的施工方案、配备安全可靠的劳动保护装置和劳动防护用品，否则不准施工。

(9)发生因工伤亡事故时，必须做好事故现场保护与伤员的抢救工作，按规定及时上报，不得隐瞒、虚报和故意拖延不报。积极组织配合事故的调查，认真制订并落实防范措施，吸取事故教训，防止发生重复事故。

2. 工程项目生产副经理

(1)工程项目生产副经理对工程项目的安全生产负直接领导责任，协助工程项目经理认真贯彻执行国家和企业安全生产各项法规和规章制度，落实工程项目的各项安全生产管理制度。工作质量对项目经理负责。

(2)组织实施工程项目总体和施工各阶段安全生产工作规划，以及各项安全技术措施、方案的组织实施工作，组织落实工程项目各级人员的安全生产责任制。

(3)组织、领导工程项目安全生产的宣传教育工作，并制订工程项目安全培训实施办法，确定安全生产考核指标，制订实施措施和方案，并负责组织实施，负责外协施工队伍各类人员的安全生产教育、培训和考核的组织领导工作。

(4)配合工程项目经理组织定期安全生产检查，负责工程项目各种形式的安全生产检查的组织、督促工作和安全生产隐患整改落实的实施工作，及时解决施工中的安全生产问题。

(5)负责工程项目安全生产管理机构的领导工作，认真听取、采纳安全生产的合理化建议，支持安全生产管理人员的业务工作，保证工程项目安全生产保证体系的正常运转。

(6)工地发生事故时，负责事故现场保护、员工教育、防范措施落实，并协助做好事故调查的具体组织工作。

3. 项目安全总监

(1)项目安全总监在现场经理的直接领导下履行项目安全生产工作的监督管理职责。

(2)宣传贯彻安全生产方针政策、规章制度，推动项目安全组织以保证体系的运行。

(3)督促实施施工组织设计、安全技术措施；实现安全管理目标；对项目各项安全生产管理制度的贯彻与落实情况进行检查与具体指导。

(4)组织分承包商安全专、兼职人员开展安全监督与检查工作。

(5)查处违章指挥、违章操作、违反劳动纪律的行为和人员，对重大事故隐患采取有效的控制措施，必要时可采取局部甚至全部停产的非常措施。

(6)督促开展周一安全活动和项目安全讲评活动。

(7)负责办理与发放各级管理人员的安全资格证书和操作人员安全上岗证。

(8)参与事故的调查与处理。

4. 工程项目技术负责人

(1)工程项目技术负责人对工程项目生产经营中的安全生产负技术责任。

(2)贯彻落实国家安全生产方针、政策，严格执行安全技术规程、规范、标准；结合工程特点，进行项目整体安全技术交底。

(3)参加或组织编制施工组织设计,在编制、审查施工方案时,必须制订相应的安全技术措施,保证其可行性和针对性,并认真监督实施情况,发现问题及时解决。

(4)主持制订技术措施计划和季节性施工方案的同时,必须制订相应的安全技术措施并监督执行,及时解决执行中出现的问题。

(5)应用新材料、新技术、新工艺,要及时上报,经批准后方可实施,同时必须组织对上岗人员进行安全技术的培训、教育;认真执行相应的安全技术措施与安全操作工艺要求,预防施工中因化学药品引起的火灾、中毒或在新工艺实施中可能造成的事故。

(6)主持安全防护设施和设备的验收。严格控制不符合标准要求的防护设备、实施投入使用;使用中的设施、设备,要组织定期检查,发现问题及时处理。

(7)参加安全生产定期检查,对施工中存在的事故隐患和不安全因素,从技术上提出整改意见和消除办法。

(8)参加或配合工伤及重大未遂事故的调查,从技术上分析事故发生的原因,提出防范措施和整改意见。

5. 工长、施工员

(1)工长、施工员是所管辖区域范围内安全生产的第一责任人,对所管辖范围内的安全生产负直接领导责任。

(2)贯彻落实上级有关规定,监督执行安全技术措施及安全操作规程,针对生产任务特点,向班组(外协施工队伍)进行书面安全技术交底,履行签字手续,并对规程、措施、交底要求的执行情况经常检查,随时纠正违章作业。

(3)负责组织落实所管辖施工队伍的三级安全教育、常规安全教育、季节转换及针对施工各阶段特点进行的各种形式的安全教育,负责组织落实所管辖施工队伍特种作业人员的安全培训工作和持证上岗的管理工作。

(4)经常检查所管辖区域的作业环境、设备和安全防护设施的安全状况,发现问题及时纠正解决。对重点特殊部位施工,必须检查作业人员及各种设备和安全防护设施的技术状况是否符合安全标准要求,认真做好书面安全技术交底,落实安全技术措施,并监督其执行,做到不违章指挥。

(5)负责组织落实所管辖班组(外协施工队伍)开展各项安全活动,学习安全操作规程,接受安全管理机构或人员的安全监督检查,及时解决其提出的不安全问题。

(6)对工程项目中应用的新材料、新工艺、新技术严格执行申报、审批制度,发现不安全问题,及时停止施工,并上报领导或有关部门。

(7)发生因工伤亡及未遂事故必须停止施工,保护现场,立即上报,对重大事故隐患和重大未遂事故必须查明事故发生原因,落实整改措施,经上级有关部门验收合格后方准恢复施工,不得擅自撤除现场保护设施,强行复工。

6. 外协施工队负责人

(1)外协施工队负责人是本队安全生产的第一责任人,对本单位安全生产负全面领导责任。

(2)认真执行安全生产的各项法规、规定、规章制度及安全操作规程,合理安排组织施工班组人员上岗作业,对本队人员在施工生产中的安全和健康负责。

(3)严格履行各项劳务用工手续,做到证件齐全,特种作业持证上岗。做好本队人员的岗位安全培训、教育工作,经常组织学习安全操作规程,监督本队人员遵守劳动、安全纪律,做到不违章指挥,制止违章作业。

(4)必须保持本队人员的相对稳定,人员变更须事先向用工单位有关部门报批,新进场人员必须按规定办理各种手续,并经入场和上岗安全教育后,方准上岗。

(5)组织本队人员开展各项安全生产活动,根据上级的交底向本队各施工班组进行详细的书面安全技术交底,针对当天的施工任务、作业环境等情况,做好班前安全讲话,施工中发现安全问题,应及时解决。

(6)定期和不定期组织检查本队施工的作业现场安全生产状况,发现不安全因素应及时整改,发现重大安全事故隐患应立即停止施工,并上报有关领导,严禁冒险蛮干。

(7)发生因工伤亡或重大未遂事故,组织保护好事故现场,做好伤者抢救工作和防范措施,并立即上报,不准隐瞒、拖延不报。

7. 班组长

(1)班组长是本班组的安全生产第一责任人,认真执行安全生产规章制度及安全技术操作规程,合理安排班组人员的工作,对班组人员在施工生产中的安全和健康负直接责任。

(2)经常组织班组人员开展各项安全生产活动和学习安全技术操作规程,监督班组人员正确使用个人劳动防护用品和安全设施、设备,不断提高安全自保能力。

(3)认真落实安全技术交底要求,做好班前交底,严格执行安全防护标准,不违章指挥,不冒险蛮干。

(4)经常检查班组作业现场的安全生产状况和工人的安全意识、安全行为,发现问题及时解决,并上报有关领导。

(5)发生因工伤亡及重大未遂事故,保护好事故现场,并立即上报有关领导。

8. 工人

(1)工人是本岗位安全生产的第一责任人,在本岗位作业中对自己、对环境、对他人的安全负责。

(2)认真学习,严格执行安全操作规程,模范遵守安全生产规章制度。

(3)积极参加各项安全生产活动,认真执行安全技术交底要求,不违章作业,不违反劳动纪律,虚心服从安全生产管理人员的监督、指导。

(4)发扬团结友爱精神,在安全生产方面做到互相帮助,互相监督,维护一切安全设施、设备,做到正确使用,不准随意拆改,对新工人有传、带、帮的责任。

(5)对不安全的作业要求要提出意见,有权拒绝违章指令。

(6)发生因工伤亡事故,要保护好事故现场并立即上报。

(7)在作业时要严格做到“眼观六面、安全定位;措施得当、安全操作”。

3.2.3 项目部各职能部门安全生产责任

1. 安全部

(1)安全部是项目安全生产的责任部门,是项目安全生产领导小组的办公机构,行使项目安全工作的监督检查职权。

(2)协助项目经理开展各项安全生产业务活动,监督项目安全生产保证体系的正常运转。

(3)定期向项目安全生产领导小组汇报安全情况,通报安全信息,及时传达项目安全决策,并监督实施。

(4)组织、指导项目分包安全机构和安全人员开展各项业务工作,定期进行项目安全性测评。

2. 工程管理部

(1)在编制项目总工期控制进度计划及年、季、月计划时,必须树立"安全第一"的思想,综合平衡各生产要素,保证安全工程与生产任务协调一致。

(2)对于改善劳动条件、预防伤亡事故项目,要视同生产项目优先安排;对于施工中重要的安全防护设施、设备的施工要纳入正式工序,予以时间保证。

(3)在检查生产计划实施情况的同时,检查安全措施项目的执行情况。

(4)负责编制项目文明施工计划,并组织具体实施。

(5)负责现场环境保护工作的具体组织和落实。

(6)负责项目大、中、小型机械设备的日常维护、保养和安全管理。

3. 技术部

(1)负责编制项目施工组织设计中安全技术措施方案,编制特殊、专项安全技术方案。

(2)参加项目安全设备、设施的安全验收,从安全技术角度进行把关。

(3)检查施工组织设计和施工方案的实施情况的同时,检查安全技术措施的实施情况,对施工中涉及的安全技术问题,提出解决办法。

(4)对项目使用的新技术、新工艺、新材料、新设备,制订相应的安全技术措施和安全操作规程,并负责工人的安全技术教育。

4. 物资部

(1)重要劳动防护用品的采购和使用必须符合国家标准和有关规定,执行本系统重要劳动防护用品定点使用管理规定。同时,会同项目安全部门进行验收。

(2)加强对在用机具和防护用品的管理,对自有及协力自备的机具和防护用品定期进行检验、鉴定,对不合格品及时报废、更新,确保使用安全。

(3)负责施工现场材料堆放和物品储运的安全。

5. 机电部

(1)选择机电分承包方时,要考核其安全资质和安全保证能力。

(2)平衡施工进度,交叉作业时,确保各方安全。

(3)负责机电安全技术培训和考核工作。

6. 合约部

(1)在分包单位进场前签订总、分包安全管理合同或安全管理责任书。

(2)在经济合同中应分清总、分包安全防护费用的划分范围。

(3)在每月工程款结算单中扣除由于违章而被处罚的罚款。

7. 办公室

(1)负责项目全体人员安全教育培训的组织工作。

(2)负责现场 CI 管理的组织和落实。

(3)负责项目安全责任目标的考核。

(4)负责现场文明施工与各相关方的沟通。

3.2.4 责任追究制度

(1)对因安全责任不落实、安全组织制度不健全、安全管理混乱、安全措施经费不到位、安全防护失控、违章指挥、缺乏对分承包方安全控制力度等主要原因导致因工伤亡事故发生,除对有关人员按照责任状进行经济处罚外,对主要领导责任者给予警告、记过处分;对重要领导责任者给予警告处分。

(2)对因上述主要原因导致重大伤亡事故发生,除对有关人员按照责任状进行经济处罚外,对主要领导责任者给予记过、记大过、降级、撤职处分;对重要领导责任者给予警告、记过、记大过处分。

(3)构成犯罪的,由司法机关依法追究刑事责任。

3.3 安全生产教育培训

3.3.1 安全教育对象

安全教育培训的对象主要包括以下五类人员:

(1)工程项目经理、项目执行经理、项目技术负责人。工程项目主要管理人员必须经过当地政府或上级主管部门组织的安全生产专项培训,培训时间不得少于 24 小时,经考核合格后,持《安全生产资质证书》上岗。

(2)工程项目基层管理人员。施工项目基层管理人员每年必须接受公司安全生产年审,经考试合格后,持证上岗。

(3)分包负责人、分包队伍管理人员。必须接受政府主管部门或总包单位的安全培训,经考试合格后持证上岗。

(4)特种作业人员。必须经过专门的安全理论培训和安全技术实际训练,经理论和实际操作的双项考核合格后,持《特种作业操作证》上岗作业。

(5)操作工人。新入场工人必须经过三级安全教育,考试合格后持“上岗证”上岗作业。

3.3.2 安全教育内容

安全教育主要包括安全生产思想、安全知识、安全技能和法制教育四个方面。

1. 安全生产思想教育

安全生产思想教育的目的是为安全生产奠定思想基础。通常从加强思想认识、方针政策和劳动纪律教育等方面进行:

(1)思想认识和方针政策的教育。一是提高各级管理人员和生产工人对搞好安全生产重要意义的认识,以增强关心人、保护人的责任感,树立牢固的群众观点;二是通过安全生产方针、政策教育,提高各级技术、管理人员和生产工人的政策水平,使他们正确、全面地理解党和国家的安全生产方针、政策并严肃认真地执行。

(2)劳动纪律教育。主要是使广大职工懂得严格执行劳动纪律对实现安全生产的重要性,项目部劳动纪律是所有职工必须遵守的法则和秩序。反对违章指挥、违章作业,严格执行安全操作规程,遵守劳动纪律是贯彻安全生产方针,减少伤害事故,实现安全生产的重要保证。

2. 安全知识教育

项目部所有职工必须具备安全基本知识,必须接受安全知识教育和安全培训。安全基本知识教育的主要内容是:项目部基本生产概况;施工生产流程、方法;施工生产危险区域及其安全防护的基本知识和注意事项;机械设备有关安全知识;有关电气设备(动力和照明)的基本安全知识;高处作业安全知识;生产施工中使用的有毒、有害物质的安全防护基本知识;消防制度及灭火器材应用的基本知识;个人防护用品的正确使用知识等。

3. 安全技能教育

安全技能教育就是结合各工种专业特点,实现安全操作、安全防护所必须具备的基本技术知识要求。每个职工都要熟悉所从事工种、岗位专业安全技术知识。安全技能知识是比较专门、细致和深入的知识。它包括安全技术、劳动卫生和安全操作规程。国家规定建筑登高架设、起重、焊接、电气、爆破、压力容器、锅炉等特种作业人员必须进行专门的安全技术培训。安全技能教育可以通过宣传先进经验,教育职工找差距,学、赶先进,也可以讲解事故教训,从中吸取有益的安全知识,防止今后类似事故的重复发生。

4. 法制教育

法制教育就是要采取各种有效形式,对全体职工进行安全生产法规和法制教育,从而提高职工遵法、守法的自觉性,以达到安全生产的目的。

3.3.3 安全教育形式

1. 新工人"三级安全教育"

三级安全教育是企业必须坚持的安全生产基本教育制度。对新工人(包括新招收的合同工、临时工、学徒工、农民工及实习和代培人员)必须进行公司、项目部、作业班组三级安全教育,时间不得少于40小时。

三级安全教育由安全、教育和劳资等部门配合组织进行。经教育考试合格者才准许进入生产岗位;不合格者必须补课、补考。对新工人的三级安全教育情况,要建立档案(安全生产教育卡)。新工人工作一阶段后还应进行重复性的安全再教育,加深安全感性、理性知识的意识。

三级安全教育的主要内容如下:

(1)公司进行安全基本知识、法规、法制教育,主要内容是:

1)党和国家的安全生产方针和政策。

2)安全生产法规、标准和法制观念。

3)本单位施工(生产)过程及安全生产规章制度,安全纪律。

4)本单位安全生产形势、历史上发生的重大事故及应吸取的教训。

5)发生事故后如何抢救伤员、排险、保护现场和及时进行报告。

(2)项目部进行现场规章制度和遵章守纪教育,主要内容是:

1)项目部施工生产特点及施工生产安全基本知识。

2)项目部安全生产制度、规定及安全注意事项。

3)所从事工种的安全技术操作规程。

4)机械设备、电气安全及高处作业等安全基本知识。

5)防火、防雷、防尘、防爆知识及紧急情况安全处置和安全疏散知识。

6)防护用品发放标准及防护用具、用品使用的基本知识。

(3)班组安全生产教育由班组长主持,或由班组安全员及技术熟练、重视安全生产的工人进行本工种岗位安全操作及班组安全制度、纪律教育,主要内容是:

1)本班组作业特点及安全操作规程。

2)班组安全活动制度及纪律。

3)爱护和正确使用安全防护装置、设施及个人劳动防护用品。

4)本岗位易发生事故的不安全因素及其防范对策。

5)本岗位的作业环境及其使用的机械设备、工具的安全要求。

2. 转场安全教育

新转入施工现场的工人必须进行转场安全教育,教育时间不得少于8小时,教育内容包括:

(1)本工程项目安全生产状况及施工条件。

(2)施工现场中危险部位的防护措施及典型事故案例。

(3)本工程项目的安全管理体系、规定及制度。

3. 变换工种安全教育

凡改变工种或调换工作岗位的工人必须进行变换工种安全教育;变换工种安全教育时间不得少于4小时,教育考核合格后方准上岗。教育内容包括:

(1)新工作岗位或生产班组安全生产概况、工作性质和职责。

(2)新工作岗位必要的安全知识,各种机具设备及安全防护设施的性能和作用。

(3)新工作岗位、新工种的安全技术操作规程。

(4)新工作岗位容易发生事故及有毒有害的地方。

(5)新工作岗位个人防护用品的使用和保管。

一般工种不得从事特种作业。

4. 特种作业安全教育

从事特种作业的人员必须经过专门的安全技术培训,经考试合格取得操作证后方准独立作业。特种作业的类别及操作项目包括:电工作业;金属焊接作业;起重机械作业;登高架设作业及内部机动车辆驾驶。

5. 班前安全活动交底(班前安全讲话)

班前安全讲话作为施工队伍经常性安全教育活动之一,各作业班组长于每班工作开始前(包括夜间工作前)必须对本班组全体人员进行不少于15分钟的班前安全活动交底。班组长要将安全活动交底内容记录在专用的记录本上,各成员在记录本上签名。

班前安全活动交底的内容应包括:

(1)本班组安全生产须知。

(2)本班组工作中的危险点和应采取的对策。

(3)上一班工作中存在的安全问题和应采取的对策。

在特殊性、季节性和危险性较大的作业前,工程项目主要负责人要参加班前安全讲话并对工作中应注意的安全事项进行重点交底。

6. 周一安全活动

周一安全活动作为施工项目经常性安全活动之一,每周一开始工作前应对全体在岗工人开展至少1小时的安全生产及法制教育活动。活动形式可采取看录像、听报告、分析事故案例、图片展览、急救示范、智力竞赛、热点评论等形式进行。工程项目主要负责人要进行安全讲话,主要内容包括:

(1)上一周安全生产形势、存在的问题及对策。

(2)最新安全生产信息。

(3)重大和季节性的安全技术措施。

(4)本周安全生产工作的重点、难点和危险点。

(5)本周安全生产工作的目标和要求。

7. 季节性施工安全教育

进入雨期及冬期施工前,在现场经理的部署下,由各区域责任工程师负责组织本区域内施工的分包队伍管理人员及操作工人进行专门的季节性施工安全技术教育,时间不少于2小时。

8. 节假日安全教育

节假日前后应特别注意各级管理人员及操作者的思想动态,有意识、有目的地进行教育,稳定他们的思想情绪,预防事故的发生。

9. 特殊情况安全教育

施工项目出现以下几种情况时,工程项目经理应及时安排有关部门和人员对施工工人进行安全生产教育,时间不少于2小时。

(1)因故改变安全操作规程。

(2)实施重大和季节性安全技术措施。

(3)更新仪器、设备和工具,推广新工艺、新技术。

(4)发生因工伤亡事故、机械损坏事故及重大未遂事故。

(5)出现其他不安全因素,安全生产环境发生了变化。

3.4 安全技术管理

项目安全技术管理要体现在此项目的施工组织设计和施工方案、施工平面图、施工安全技术交底、安全内业资料等各项内容的管理上。在施工开始之后,会随时暴露出一些具体的安全技术问题，施工技术人员要参照相关的安全技术标准采取相应的安全防护措施，弥补施工方案中安全措施计划的不足。另外，项目技术管理人员在施工中要收集安全技术措施执行情况的技术资料，在工程收尾总结经验时，专门编辑施工全过程的相关安全技术资料，积累安全技术管理经验与教训。

1. 项目施工组织设计与施工方案的安全管理

项目安全的技术管理首先是体现在该项目的施工组织设计或者施工方案之中。技术部门在编制施工组织设计（施工方案）时，必须要结合工程实际，编制切实可行的安全技术措施，特别是爆破、吊装、水下、深坑、支模、拆除等大型的特殊工程，要编制单项的安全技术方案，否则便不能施工。

编制安全技术措施时应该注意以下几个方面：

(1)针对不同工程的结构特点可能会造成施工安全的危害，需从技术上采取措施，消除危险，确保施工安全。

(2)针对施工特点，例如：滑模施工、网架整体提升吊装等，可能会给施工带来的危险因素，从技术上采取措施，确保安全施工。

(3)针对所选的各种机械、设备、变配电设施给施工人员可能会带来哪些不安全因素，从技术措施及安全装置上加以控制等。

(4)针对工程采用的有害施工人员身体健康或者有爆炸危险的特殊材料的特点，从技术上采取相应的防护措施，确保施工人员安全，确保工程安全施工。

(5)针对施工场地及周围环境给施工人员或者周围居民带来危害及材料、设备运输带来的困难与危害，从技术上采取措施，给予保护。

施工组织设计中的安全技术措施确定以后，所有施工管理人员与作业人员都应认真执行，项目负责人与安全技术人员也要检查安全技术措施的落实情况。安全技术措施在执行中若发现不足之处，或因施工需要必须变更原施工组织设计与施工安全措施时，要报原施工组织设计审批部门负责人，经过批准后方可变更。大型工程项目应该按施工分项另拟详细的分项安全技术措施。

2. 施工平面图的安全技术管理

施工平面图设计不当，可能会造成安全隐患，给企业带来不应有的损失，甚至会影响工程进度。因此，施工平面图的布置，也需按照安全技术上的要求来管理。绘制施工平面图时要符合下列要求：

(1)油库以及其他易燃材料库位置的规定。油库以及其他易燃材料库，必须按照安全规范要求，要远离诸如伙房、锅炉房、电气焊加工间等建筑明火的暂设工程，要有系统完善的消防设施，油库内要有防地下渗漏的措施，其位置要事先选好，并且在施工平面图上明确定点。库房周围禁止吸烟以及有明火等。

(2)电气线路以及变配电设备位置的规定。电气线路以及变配电设备，必须依据现场用电量统筹规划，认真安排，在施工平面图中合理确定其位置。配电系统必须要实行分级配电。独立的配电系统采用三相五线制的接零保护系统，非独立系统可以根据实际情况采取相应的接零或者接地保护方式。在采用接地与接零保护方式的同时，必须要设两级漏电保护装置，实行分级保护。在施工现场内，不能架设高压线路，变压器需设在施工现场边角处,且设围栏。进入现场内的主干线尽量少,依据用电位置,在主干线的电杆上事先设好分电箱,避免维修电工经常上电线杆带电接线,以减少电气故障与触电事故。

(3)炸药库、加工房位置的规定。炸药库、加工房的位置,必须要按安全规程要求在施工平面图中明确定点。为避免爆炸,炸药库与其他建筑物必须要保持安全距离。这种安全距离,既要考虑周围建筑物的火源,也要考虑炸药库内发生爆炸对周围建筑物的危害。所以,炸药库离居民点不能近于 200 m;离车站、河川、码头、公路、铁路不能近于 500 m;离工厂、易燃品仓库不能近于 800 m。这种距离由炸药库围墙算起。爆炸材料加工房周围 10 m 内不准吸烟以及有明火。

(4)土石方、建筑材料与混凝土预制构件堆放位置的规定。依据施工需要和安全规程要求,在施工平面图中明确规定土石方、建筑材料、预制构件的堆放位置,避免乱堆乱放,既可减少二次搬运,也减少了危险因素。特别是混凝土预制构件的堆放位置是否得当,直接关系到起重吊装的安全。例如:混凝土构件堆放位置距吊车位置远了,转运不值得,不转运又会造成吊车斜吊,严重违章,极不安全,随时都会造成机械设备倾翻或者人身伤亡事故。

(5)井字架或者门式架位置的确定。井字架、门式架的位置,必须要达到施工方便与安全规程要求,在施工平面图中明确定位。井字架及门式架的定位,必须要考虑各条缆风绳的安全角度及锚桩、地笼的位置,否则便会给安全施工留下长期隐患,随时可能会造成重大事故。

(6)塔吊位置的确定。塔吊也必须要事先在施工平面图中明确定位。必须要考虑塔吊与工程间的安全距离,以便搭设安全网,且不影响塔吊的安全运输。选择塔吊安装位置时,要依据建筑物的外形、加安全网的宽度及起重臂的长度等因素。

3. 施工安全技术交底的管理

工程开工前和施工过程中,应该随同施工组织设计,向参加施工的职工认真进行安全技术措施的交底,以使广大职工知道,在什么时候,什么作业应该采取哪些技术措施来保证施工的安全性。安全技术交底分为三类:分部工程的安全技术交底(基础、主体结构、装修工程及设备安装四个施工阶段前的安全技术交底);分工种的安全技术交底;特殊作业人员的安全技术交底。凡是进行安全技术交底的均要填写安全技术交底卡,交底人和被交底人签字齐全各执一份,便于安全技术措施的实施和检查。

4. 安全内业资料的管理

安全管理内业资料达到规范化是实现安全生产规范化管理的重要步骤,它不仅是记录建筑施工全过程安全管理状况的原始证据,也是衡量施工安全生产管理水平的重要尺度。

项目技术管理人员在施工中要随时收集安全技术措施执行情况的原始技术资料。在工程收尾之时,整理施工全过程的安全技术资料,归档成册,以利于今后从事同类工程时借鉴。

5. 制定标准化的安全作业程序

为杜绝操作者在施工中行为的随意性、主观性与不安全性,避免事故的发生,在施工项目的安全管理中,必须要按科学的作业标准来规范作业者的行为,以减少人为的失误。

制定作业标准,是实施安全技术管理的一项十分重要的条件。在制定作业标准时,必须要考虑以下要求:

(1)作为标准应明确规定操作规序、步骤,具体规定怎样操作、操作的质量标准、操作的阶段目的及完成操作后物的状态等。

(2)作业标准应该尽量减轻操作者的精神负担,降低对操作者熟练技能与注意力的要求,使操作简单化及专业化。

(3)作业标准必须要符合生产、作业环境的实际情况,不同作业、生产环境的作业标准应该有所区别,作业标准的制定通常采取技术人员、管理人员与操作人员三者结合的方式。

(4)作业标准的制定应该符合人机学的要求,如:应该尽量避开不自然的姿势与重心的经常移动;尽量利用重力作用移动物体;尽量使人身体不必过大移动;操作杆与手的接触面积要以适合手握时的自然状态为宜等。

作业标准制定之后,要反复进行训练,一边训练一边纠偏,认真考核,有偿达标。

6. 混凝土搅拌机安全操作技术交底

混凝土搅拌机安全操作技术交底表格填写范例,见表3.1。

表3.1 混凝土搅拌机安全操作技术交底

工程名称		交底部位	
工程编号		日期	

1. 作业区应排水通畅,并应设置沉淀池及防尘设施。

2. 操作人员视线应良好。操作台应铺设绝缘垫板。

3. 作业前应重点检查下列项目,并应符合相应要求:

(1)料斗上、下限位装置应灵敏有效,保险销、保险链应齐全完好。钢丝绳报废应按现行国家标准《起重机 钢丝绳 保养、维护、安装、检验和报废》(GB/T 5972—2009)的规定执行;

(2)制动器、离合器应灵敏可靠;

(3)各传动机构、工作装置应正常。开式齿轮、皮带轮等传动装置的安全防护罩应齐全可靠。齿轮箱、液压油箱内的油质和油量应符合要求;

(4)搅拌筒与托轮接触应良好,不得窜动、跑偏;

(5)搅拌筒内叶片应紧固,不得松动,叶片与衬板间隙应符合说明书规定;

(6)搅拌机开关箱应设置在距搅拌机5 m的范围内。

4. 作业前应进行空载运转,确认搅拌筒或叶片运转方向正确。反转出料的搅拌机应进行正、反转运转。空载运转时,不得有冲击现象和异常声响。

5. 供水系统的仪表计量应准确,水泵、管道等部件应连接可靠,不得有泄漏。

6. 搅拌机不宜带载启动,在达到正常转速后上料,上料量及上料程序应符合使用说明书的规定。

7. 料斗提升时,人员严禁在料斗下停留或通过;当需在料斗下方进行清理或检修时,应将料斗提升至上止点,并必须用保险销锁牢或用保险链挂牢。

8. 搅拌机运转时,不得进行维修、清理工作。当作业人员需进入搅拌筒内作业时,应先切断电源,锁好开关箱,悬挂"禁止合闸"的警示牌,并应派专人监护。

9. 作业完毕,宜将料斗降到最低位置,并应切断电源。

技术负责人: 交底人: 接交人:

7. 混凝土泵车安全操作技术交底

混凝土泵车安全操作技术交底表格填写范例,见表3.2。

表3.2 混凝土泵车安全操作技术交底

工程名称		交底部位	
工程编号		日期	

1. 混凝土泵车应停放在平整坚实的地方,与沟槽和基坑的安全距离应符合使用说明书的要求。臂架回转范围内不得有障碍物,与输电线路的安全距离应符合现行行业标准《施工现场临时用电安全技术规范》(JGJ 46—2005)的有关规定。

2. 混凝土泵车作业前,应将支腿打开,并应采用垫木垫平,车身的倾斜度不应大于3°。

3. 作业前应重点检查下列项目,并应符合相应要求:

(1)安全装置应齐全有效,仪表应指示正常;

(2)液压系统、工作机构应运转正常;

(3)料斗网格应完好牢固;

(4)软管安全链与臂架连接应牢固。

4. 伸展布料杆应按出厂说明书的顺序进行。布料杆在升离支架前不得回转。不得用布料杆起吊或拖拉物件。

5. 当布料杆处于全伸状态时,不得移动车身。当需要移动车身时,应将上段布料杆折叠固定,移动速度不得超过10 km/h。

6. 不得接长布料配管和布料软管。

技术负责人: 交底人: 接交人:

8. 混凝土喷射机安全操作技术交底

混凝土喷射机安全操作技术交底表格填写范例,见表3.3。

表3.3 混凝土喷射机安全操作技术交底

工程名称		交底部位	
工程编号		日期	

1. 喷射机风源、电源、水源、加料设备等应配套齐全。

2. 管道应安装正确,连接处应紧固密封。当管道通过道路时,管道应有保护措施。

3. 喷射机内部应保持干燥和清洁。应按出厂说明书规定的配合比配料,不得使用结块的水泥和未经筛选的砂石。

4. 作业前应重点检查下列项目,并应符合相应要求:

(1)安全阀应灵敏可靠;

(2)电源线应无破损现象,接线应牢靠;

(3)各部密封件应密封良好,橡胶结合板和旋转板上出现的明显沟槽应及时修复;

(4)压力表指针显示应正常。应根据输送距离,及时调整风压的上限值;

(5)喷枪水环管应保持畅通。

5. 启动时,应按顺序分别接通风、水、电。开启进气阀时,应逐步达到额定压力。启动电动机后,应空载试运转,确认一切正常后方可投料作业。

续表 3.3

工程名称		交底部位	
工程编号		日期	

6. 机械操作人员和喷射作业人员应有信号联系,送风、加料、停料、停风及发生堵塞时,应联系畅通,密切配合。

7. 喷嘴前方不得有人员。

8. 发生堵管时,应先停止喂料,敲击堵塞部位,使物料松散,然后用压缩空气吹通。操作人员作业时,应紧握喷嘴,不得甩动管道。

9. 作业时,输送软管不得随地拖拉和折弯。

10. 停机时,应先停止加料,再关闭电动机,然后停止供水,最后停送压缩空气,并应将仓内及输料管内的混合料全部喷出。

11. 停机后,应将输料管、喷嘴拆下清洗干净,清除机身内外黏附的混凝土料及杂物,并应使密封件处于放松状态。

技术负责人: 交底人: 接交人:

3.5 安全检查

项目经理应组织项目相关部门以及人员对安全控制计划的执行情况进行检查考核与评价。对施工中存在的不安全行为与事故隐患要及时予以纠正和整改,且分析原因制定措施避免重复出现。安全检查的目标为预防生产安全事故,不断改善生产条件与作业环境,保证施工的安全。安全检查的方式包括定期检查、日常巡检、季节性与节假日安全检查,还有班组的自检查与交接检查。安全检查的内容主要为查思想,查制度,查机械设备,查操作行为,查安全教育培训,查安全设施,查劳保用品使用及查伤亡事故的处理等。

做好安全检查工作应遵循以下几点:

(1)定期要对安全生产控制计划的执行情况进行检查与考核评价。

(2)依据施工过程的特点与安全目标的要求确定安全检查的内容。

(3)安全生产检查应该配备必要的设备或者工具。

(4)检查可以采取随机抽样、现场观察与实地检测的方法,并且记录检查结果,纠正违章指挥与违章作业。

(5)对检查结果进行研究分析,找出隐患,确定危险源。

(6)对检查出的问题要及时进行整改,并且要做出整改记录。

(7)检查表以及整改记录要作为安全生产工作的业内资料保存。

安全检查表格填写范例,见表 3.4。

表 3.4 职业健康安全隐患整改通知单

工程名称:××工程 编号:×××

检查日期	2013 年 2 月 25 日(星期×)	检查部位、项目内容
检查人员签名	王××	现场临电、工人佩戴安全帽情况
检查发现的违章、事故隐患实况记录	施工现场发现 3 名工人未戴安全帽	

续表 3.4

<table>
<tr><td rowspan="3">整改通知</td><td></td><td>整改措施</td><td>完成整改的最后日期</td><td>整改责任人</td><td>复查日期</td></tr>
<tr><td>对重大事故隐患列项实行“三定”的整改方案</td><td>(1)加强职工安全教育,制定相应的奖罚措施
(2)要求并检查全体人员进入施工现场必须正确佩戴安全帽</td><td>2013 年 2 月 25 日
(当日)</td><td>孙××</td><td>2013 年 2 月 25 日</td></tr>
<tr><td></td><td>项目负责人签名:</td><td>安全员签名:</td><td colspan="2">整改负责人签名:</td></tr>
<tr><td colspan="2" rowspan="2">整改复查记录</td><td>整改记录</td><td>遗留问题的处理</td><td colspan="2" rowspan="2">整改责任人:张××
复查责任人:王××
安全生产责任人:王××
××年×月×日</td></tr>
<tr><td>已按整改措施落实</td><td>无</td></tr>
</table>

项目经理:××× 制表人:××× 填表日期:××年×月×日

3.6 安全生产事故的应急救援与调查处理

3.6.1 安全生产事故的应急救援

安全生产的基本方针为“安全第一、预防为主”,因此,在安全事故尚未发生前,就应该做好安全事故的应急救援预案,它是安全事故应急救援的根本依据。依据建设工程的特点,工地现场可能发生的安全事故包括坍塌、火灾、中毒、爆炸、高空坠落、机械伤害、触电等。应急救援预案的人力、物资及技术准备主要针对这几类事故。

1. 应急组织

(1)应急领导小组:项目经理是应急救援领导小组的第一负责人,担任组长,负责应急救援的领导组织工作。技术负责人、施工员是副组长。

现场抢救组:项目部安全部负责人是组长,安全部全体人员是现场抢救组成员。

医疗救治组:项目部医务室负责人是组长,医务室全体人员是医疗救治组成员。

后勤服务组:项目部后勤部负责人是组长,后勤部全体人员是后勤服务组成员。

保安组:项目部保安部负责人是组长,全体保安员是组员。

应急组织的分工以及人数应根据事故现场需要灵活调配。

(2)应急领导小组的职责:项目工地发生安全事故时,负责指挥工地的抢救工作,向各抢救小组下达抢救指令任务,协调各组间的抢救工作,随时掌握各组最新动态且做出最新决策,第一时间向 110、120、119、当地安监部门、公安部门求援与报告实情。平时应急领导小组成员要轮流值班,值班者必须住在工地现场,发生事故时,在项目部应急组长抵达工地之前,值班者就是临时救援组长。

现场抢救组的职责:采取紧急措施,尽一切可能抢救伤员以及被困人员,防止事故进一步扩大。

医疗救治组的职责:对抢救的伤员,视情况采取急救处理措施,快速送至医院抢救。

后勤服务组的职责:负责交通车辆的调配、紧急救援物资的征集,以及人员的餐饮供应。

保安组的职责:负责工地的安全保卫,支援其他抢救组的工作以及保护好现场。

2. 预案管理

(1)培训。

1)根据受训人员与工作岗位的不同,选择培训内容,制订培训计划。

2)培训内容:鉴别异常情况且及时上报的能力和意识;如何正确处理各种事故;自救和互救能力;各种救援器材与工具使用知识;与上下级联系的方法与各种信号的含义;工作岗位存在的危险隐患;防护用具的使用与自制简单防护用具;紧急状态下怎样行动。

(2)演练。项目部按假设的事故情景,每季度至少组织一次现场实际演练,把演练方案以及经过记录在案。

(3)预案修订和完善。

1)为了能把新技术与新方法运用到应急救援中去,以及对不断变化着的具体情况保持一致,预案应该进行及时更新,必要时要重新编写。

2)对危险源与新增装置、人员变化进行定期检查,对预案及时更新。

3)在实践与演习中提高水平,对预案进一步合理化。

3. 救援器材

应急领导小组应该配备下列救援器材:

(1)医疗器材:担架、氧气袋、塑料袋及小药箱。

(2)抢救工具:一般工地常备工具即基本满足使用。

(3)照明器材:手电筒及应急灯。

(4)通信器材:手机及电话。

(5)灭火器材:灭火器及消防栓。

(6)交通工具:工地要常备一辆值班车,该车轮值班时,不应跑长途。

3.6.2 安全生产事故的调查处理

1. 抢救伤员且保护好事故现场

事故发生之后现场人员不要惊慌失措,要有组织、听指挥,首先应该迅速抢救伤员与排除险情,防止事故蔓延扩大。同时,为了进行事故调查分析,应保护好事故现场。

2. 组织事故调查组

在接到事故报告之后,单位领导应该立即赶赴现场组织抢救,并且迅速组织事故调查组展开调查。与发生事故有直接利害关系的人员不能参加调查组。

3. 现场勘察

现场勘察的主要内容包括:

(1)现场笔录。包括发生事故的时间、地点及气象等;现场勘察人员的姓名、单位及职务;现场勘察起止时间及勘察过程;设备损坏或者异常情况及事故前后的位置;事故发生之前劳动组合、现场人员的位置与行动;重要物证的位置、特征及检验情况等。

(2)现场拍照。包括方位拍照、全面拍照、中心拍照、细目拍照及人体拍照等。

(3)现场绘图。依据调查工作的需要,应该绘制以下示意图:建筑物平面图、剖面图;

事故人员位置以及活动图;破坏物立体图或者展开图;涉及范围图;设备或者工器具构造简图等。

4. 分析事故原因

通过全面的调查来查清事故的经过,弄清造成事故的原因;分析事故的原因时,应该根据调查所确认的事实,从直接原因入手逐步深入地调查到间接原因。通过对直接原因与间接原因的分析确定事故中的直接责任者与领导者责任,再依据其在事故发生过程中的作用确定主要责任者。

5. 制订预防措施

依据对事故原因的分析,制定防止类似事故再次发生的预防措施。

6. 写出调查报告

应该着重把事故发生的经过、原因、责任分析、处理意见及本次事故的教训与改进工作的建议等写成报告,经过调查组全体人员签字后报批。对于个别同志仍持有不同意见的允许保留,并且在签字时写明自己的意见。

7. 事故的审理与结案

(1)事故处理结论应该经有关机关审批后方可结案,伤亡事故处理工作应该在 90 天内结案,特殊情况经批准后不能超过 180 天。

(2)事故案件的审批权限同企业的隶属关系,以及人事管理权限一致。

(3)对事故责任者的处理应依据其情节轻重与损失大小来判断。

(4)事故调查处理的文件、图纸、照片、资料等记录应该长期完整的保存起来。

8. 员工伤亡的事故登记记录

9. 工伤事故的统计说明

3.6.3 范例

安全生产事故的应急救援与调查处理表格填写范例,见表 3.5 ~ 3.7。

表 3.5 企业职工因工伤亡事故报告书

工程名称:××工程 编号:×××

企业职工因工伤亡事故调查报告书

一、企业详细名称

地址:××省××市××建筑工程有限公司

电话:×××××××

二、国民经济类型:私营经济

三、直接主管部门:××省建筑工程管理局

四、事故发生时间:×月×日

五、事故发生地点:××市××小区建筑施工工地

六、事故类别:砸伤

七、事故原因

其中直接原因:碎裂物下落

八、事故严重级别:轻伤事故

九、伤亡人员情况:1 人受伤、无人死亡

续表 3.5

姓名	性别	年龄	文化程度	用工形式	工种及级别	本工种工龄	安全教育情况	伤害部位	伤害程度	损失工作日
刘××	男	25	初中	临时工	钢筋工	2 年	已培训	头部	轻伤	2 天

十、本次事故损失工作日总数:__

十一、本次事故经济损失:__　　　　　　　　其中直接经济损失:__

十二、事故详细经过:__

十三、事故原因分析

1. 直接原因:碎裂物砸伤

2. 间接原因:员工进入施工现场未佩戴安全帽

3. 主要原因:员工安全意识不够

十四、预防事故重复发生的措施:加强安全教育培训与管理

十五、事故责任分析和对事故责任者的处理:__

十六、事故调查的有关资料:__

十七、事故调查组成员名单:宋××、孙××、王××

项目经理:×××　　　　　　制表人:×××　　　　　　填表日期:××年×月×日

表 3.6　工伤事故登记表

工程名称:××工程　　　　　　　　　　　　　　　　　　　　编号:×××

<table>
<tr><td colspan="2">施工单位</td><td colspan="4">××建筑工程公司</td><td colspan="2">事故部位</td><td colspan="3">主体工程</td></tr>
<tr><td colspan="2">事故日期</td><td colspan="9">××年×月×日×时×分</td></tr>
<tr><td colspan="2">事故类别</td><td colspan="4">安全</td><td colspan="2">气象情况</td><td colspan="3">晴</td></tr>
<tr><td rowspan="2">伤害人姓名</td><td rowspan="2">伤害程度（死、重、伤）</td><td rowspan="2">工种及级别</td><td rowspan="2">性别</td><td rowspan="2">年龄</td><td rowspan="2">本工种工龄</td><td rowspan="2">受过何种教育</td><td rowspan="2">歇工总日期</td><td colspan="2">经济损失</td><td rowspan="2">备注</td></tr>
<tr><td>直接</td><td>间接</td></tr>
<tr><td>孙××</td><td>重</td><td>高级钢筋工</td><td>男</td><td>24</td><td>3</td><td>中等专业</td><td>××天</td><td>××××</td><td></td><td></td></tr>
<tr><td>王××</td><td>重</td><td>初级钢筋工</td><td>男</td><td>25</td><td>2</td><td>职业高中</td><td>××天</td><td>××××</td><td></td><td></td></tr>
</table>

事故经过原因:

×月×日上午,在××大厦第×层第×号区域钢筋绑扎结束时,孙××从背后拍王××的肩头,并主动攀扯王××的衣服,想借烟抽,王××在拒绝推搡过程中,两人双双掉下脚板,致使摔成重伤。

续表 3.6

预防事故重复发生的措施:

(1)严格劳动工作纪律,禁止在工作场地打闹嬉戏;
(2)在施工现场,禁止携带烟火等易燃物品;
(3)加强安全防控措施,确保施工安全。

落实措施负责人:×××
项目负责人:×××　　安全负责人:×××　　填表人:×××

××年×月×日

注:事故经过和原因如填写不下可另附纸。

表 3.7　现场重大事故登记表

工程名称:××工程　　编号:×××

事故类别	事故	气象	晴	气温	27 ℃
发生重大(未遂)事故时间:××年×月×日			日期:××年×月×日×时×分		
发生重大事故(未遂)地点:××省××市××路×号××大厦第×作业区					
事故经过: ××年×月×日上午 10 时许,王××在从现场经过时,因手推车未放稳,在起吊中,发生倾笠,致使手推车内砖块坠落,砸至王××头部,因王××未戴安全帽,故而致使王××当场休克死亡。					
预防事故重复发生的措施: (1)起吊作业现场,严禁任何人起吊过程中经过。 (2)在起吊作业现场,悬挂明显的标志牌,并指派专人负责安全管理工作。 (3)严格操作纪律,现场作业人员必须严格按照操作技术要求执行。 (4)合理使用劳动防护用品,未戴安全帽者严禁出入施工现场。					

续表 3.7

处理意见：

(1)责令生产经理负责赵××事故事宜,发放抚慰资金××元。
(2)严肃处理起重操作人员××、××、班组长×××。
(3)加强安全教育培训工作,责令事故责任人参加培训1个月。
(4)追究生产经理××、技术经理××、安全员××、班组长××的相关责任,并施予相应惩罚。

参加调查人员：

生产经理、技术经理、工长、安全员、劳资员、班组长、第一发现人。

生产经理:×××　　班组长:×××
技术经理:×××　　第一发现人:×××
工长××:×××
安全员:×××　×××
项目经理:×××　　××年×月×日

填表人:×××　　填表日期:××年×月×日

4　施工现场进度管理

4.1　施工项目进度管理基础知识

4.1.1　项目进度管理概念及相关术语

1. 项目进度管理

项目进度管理是依据工程项目的进度目标，编制经济合理的进度计划，并据以检查工程项目进度计划的执行情况，如发现实际执行情况与计划进度不一致，就及时分析原因，且采取必要的措施对原工程进度计划进行调整或者修正的过程。

进度计划控制的循环过程包括计划、实施、检查、调整四个小过程。计划是指依据施工项目的具体情况，合理编制符合工期要求的最优计划；实施是指进度计划的落实和执行；检查是指在进度计划的落实和执行过程中，跟踪检查实际进度，并与计划进度对比分析，确定两者间的关系；调整是指依据检查对比的结果，分析实际进度与计划进度间的偏差对工期的影响，采取符合实际的调整措施，使计划进度符合新的情况，在新的起点上进行下一轮控制循环，如此循环进行下去，直至完成施工任务。

2. 任务

任务是项目过程中需执行的工作元素。一个任务一般具有预计的时间、成本与资源需求。任务要定义起点与终点。“任务”与“活动”这两个词通常互相通用。

3. 可交付成果

可交付成果是指为了完成项目或者其中一部分，而必须做出的可测量的、有形的以及可验证的任何成果、结果或者事项。所有的工作包与大多数的任务都生产出产品，这些产品称为可交付成果。此术语通常更狭义地用于对外可交付成果，即服从项目发起人或者顾客要求的可交付成果。

4. 里程碑

里程碑有两个含义：一是项目中的重大事件，一般指一个主要可交付成果的完成；二是项目中可以清晰识别的点或一组任务，一般代表一个报告要求、一个大型活动或者一组重要活动的完成。

5. 计划

计划是指确定未来行动过程的预定路线。

6. 项目群

项目群通常是指一组相关的、采用协调方式管理的项目。项目群可能包括一个正在进行的工作元素，直至该项目群周期结束。

7. **项目进度**

项目进度是指执行项目各项活动与到达里程碑的计划日期。进度或进度的相关部分按照日期先后顺序列出活动启动或者完成的日期。

8. **工作分解结构**

工作分解结构是指面向可交付成果的项目元素分组，它依据层次结构组织并定义了项目的全部范围。每下降一层（或者“子”层）代表对该项目工作作更详细的定义，且“父”元素下的小元素集包括“父”元素所代表的100%的工作。

9. **工作包**

工作包是指工作分解结构最底层的工作元素，它为定义活动与向一个特定的人员或组织分派责任提供了一个逻辑。

4.1.2　项目进度管理的目标

项目进度管理的目标进度管理总目标是依据施工总进度计划确定的。对项目进度管理总目标进行层层分解，便形成实施进度管理、相互制约的目标体系。

工程项目进度目标是从总的方面对项目建设提出的工期要求，但在施工活动中，是通过对最基础的分部分项工程的施工进度管理来保证各单项（位）工程或阶段工程进度管理目标的完成，进而实现工程进度管理总目标的。因而需要将总进度目标进行一系列的从总体到细部、从高层次到基础层次的层层分解，一直分解到在施工现场可以直接调度控制的分部分项工程或作业过程的施工为止。在分解中，每一层次的进度管理目标都限定了下一级层次的进度管理目标，而较低层次的进度管理目标又是较高一级层次进度管理目标得以实现的保证，于是就形成了一个自上而下层层约束，由下而上级级保证，上下一致的多层次进度管理目标体系。

确定工程项目进度目标应考虑以下几个方面：

（1）对于大型建筑工程项目，应根据尽早提供可动用单元的原则，集中力量分期分批建筑，以便尽早投入使用，尽快发挥投资效益。这时，为保证每一动用单元能形成完整的生产能力，就要考虑这些动用单元交付使用时所必需的全部配套项目。因此，要处理好前期动用和后期建筑的关系、每期工程中主体工程与辅助及附属工程之间的关系等。

（2）结合本工程的特点，参考同类建筑工程的经验来确定施工进度目标，避免只按主观愿望盲目确定进度目标，从而在实施过程中造成进度失控。

（3）考虑工程项目所在地区地形、地质、水文、气象等方面的限制条件。

（4）考虑外部协作条件的配合情况。包括施工过程中及项目竣工动用所需的水、电、气、通信、道路及其他社会服务项目的满足程度和满足时间。它们必须与有关项目的进度目标相协调。

（5）合理安排土建与设备的综合施工。要按照它们各自的特点，合理安排土建施工与设备基础、设备安装的先后顺序及搭接、交叉或平行作业，明确设备工程对土建工程的要求和土建工程为设备工程提供施工条件的内容及时间。

（6）做好资金供应能力、施工力量配备、物资（材料、构配件、设备）供应能力与施工进度的平衡工作，确保满足工程进度目标的要求。

4.1.3 项目进度管理的影响因素

建筑工程项目的施工特点,尤其是较大和复杂的施工项目基期较长,决定了影响进度的因素较多。编制计划和执行控制施工进度计划时必须充分认识和估计这些因素,才能克服其影响,使施工进度尽可能按计划进行。当出现偏差时,应考虑有关影响因素,分析产生的原因。其主要影响因素见表4.1。

表4.1 影响项目进度的因素

种类	影响因素	相应对策
项目经理部内部因素	(1)施工组织不合理,人力、机械设备调配不当,解决问题不及时 (2)施工技术措施不当或发生事故 (3)质量不合格引起返工 (4)与相关单位关系协调不善等 (5)项目经理部管理水平低	项目经理部的活动对施工进度起决定性作用,因而要: (1)提高项目经理部的组织管理水平、技术水平 (2)提高施工作业层的素质 (3)重视与内外关系的协调
相关单位因素	(1)设计图纸供应不及时或有误 (2)业主要求设计变更 (3)实际工程量增减变化 (4)材料供应、运输等不及时或质量、数量、规格不符合要求 (5)水电通信等部门、分包单位没有认真履行合同或违约 (6)资金没有按时拨付等	相关单位的密切配合与支持,是保证施工项目进度的必要条件,项目经理部应做好: (1)与有关单位以合同形式明确双方协作配合要求,严格履行合同,寻求法律保护,减少和避免损失 (2)编制进度计划时,要充分考虑向主管部门和职能部门进行申报、审批所需的时间,留有余地
不可预见因素	(1)施工现场水文地质状况比设计合同文件预计的要复杂得多 (2)严重自然灾害 (3)战争、社会动荡等政治因素等	(1)该类因素一旦发生就会造成较大影响,应做好调查分析和预测 (2)有些因素可通过参加保险,规避或减少风险

4.1.4 项目进度管理原理

工程项目进度管理是以现代科学管理原理作为其理论基础的,主要包括系统控制原理、动态控制原理、弹性原理与封闭循环原理、信息反馈原理等。

1. 系统控制原理

工程项目施工进度管理是一个系统工程,它包括项目施工进度计划系统与项目施工进度实施系统两部分内容。项目经理必须依据系统控制原理,强化其控制全过程。

(1)工程项目进度计划系统。为了做好项目施工进度管理工作,必须依据项目施工进度管理目标要求,制订出项目施工进度计划系统。依据需要,计划系统通常包括施工项目总进度计划,单位工程进度计划,分部、分项工程进度计划与季、月、旬等作业计划。这些计划的编制对象由大至小,内容由粗至细,将进度管理目标逐层分解,保证计划控制目标的落实。在执行项目施工进度计划时,应该以局部计划保证整体计划,最终达至工程项目进度管理目标。

(2)工程项目进度实施组织系统。施工项目实施全过程的各专业队伍均是遵照计划规定的目标去努力完成一个个任务的。施工项目经理与有关劳动调配、材料设备、采购运输等各职能部门均按照施工进度规定的要求进行严格管理、落实与完成各自的任务。施工组织各级负责人,从项目经理、施工队长、班组长到所属全体成员组成了施工项目实施的完整组织系统。

(3)工程项目进度管理的组织系统。为保证施工项目进度实施,还有一个项目进度的检查控制系统。自公司经理、项目经理,到作业班组均设有专门职能部门或者人员负责检查汇报,统计整理实际施工进度的资料,并且与计划进度比较分析与进行调整。当然不同层次人员承担不同进度管理职责,分工协作,形成一个纵横相连的施工项目控制组织系统。事实上有的领导既是计划的实施者又是计划的控制者。实施是计划控制的落实,而控制是计划按期实施的保证。

2. 动态控制原理

工程项目进度管理随着施工活动向前推进,依据各方面的变化情况,应该进行适时的动态控制,以保证计划符合变化的情况。同时,这种动态控制又是依照计划、实施、检查、调整这四个不断循环的过程进行控制的。在项目实施的过程中,可分别以整个施工项目、单位工程、分部工程或者分项工程为对象,建立不同层次的循环控制系统,并且使其循环下去。这样每循环一次,其项目管理水平便会提高一步。

3. 弹性原理

工程项目进度计划工期长、影响进度的原因很多,其中有的已被人们了解,因此要依据统计经验估计出影响的程度和出现的可能性,并在确定进度目标时,进行实现目标的风险分析。在计划编制者具备了这些知识与实践经验以后,编制施工项目进度计划时便会留有余地,使施工进度计划具有弹性。

4. 封闭循环原理

工程项目进度管理是从编制项目施工进度计划开始的,由于影响因素的复杂与不确定性,在计划实施的全过程中,要连续跟踪检查,若运行正常可继续执行原计划;若发生偏差,应该在分析其产生的原因后,采取相应的解决措施与办法,对原进度计划进行调整与修订,然后再进入一个新的计划执行过程。这个由计划、实施、检查、比较、分析、纠偏等环节构成的过程就形成了一个封闭循环回路,如图 4.1 所示。

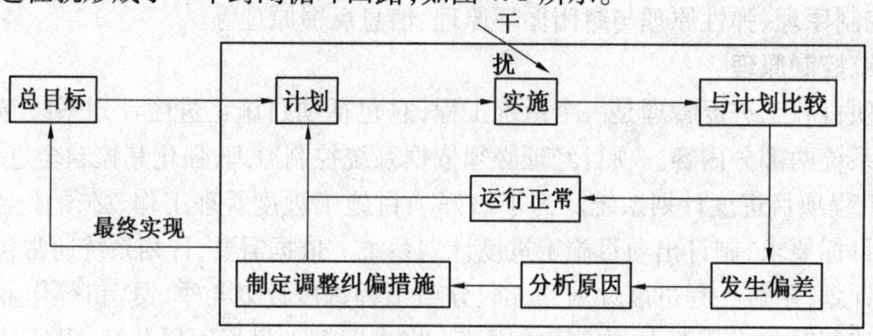

图 4.1　工程项目进度管理的封闭循环

5. 信息反馈原理

反馈是控制系统把信息输送出去,再把其作用结果返送回来,并且对信息的再输出施加影响,起到控制作用,以此达到预期目的。

工程项目进度管理的过程实质上就是对有关施工活动与进度的信息不断收集、加工、汇总、反馈的过程。施工项目信息管理中心要对搜集的施工进度与相关影响因素的资料进行加工分析,由领导作出决策以后,向下发出指令,指导施工或者对原计划作出新的调整、部署;基层作业组织依据计划与指令安排施工活动,并将实际进度与遇到的问题随时上报。每天均有大量的内外部信息、纵横向信息流进流出,因而必须建立健全工程项目进度管理信息网络,这样才能确保施工项目的顺利实施与如期完成。

4.1.5　项目进度管理的内容

项目进度管理包括两部分内容:项目进度计划的制订与项目进度计划的控制。

1. 项目进度计划的制订

(1)项目进度计划的作用　凡事预则立,不预则废。做任何事,均必须有计划,这样才能心中有数,按部就班地实现目标。在项目进度管理上也是如此。项目实施前须先制订出一个切实可行的进度计划,然后再按照计划逐步实施。项目进度计划的作用如图4.2所示。

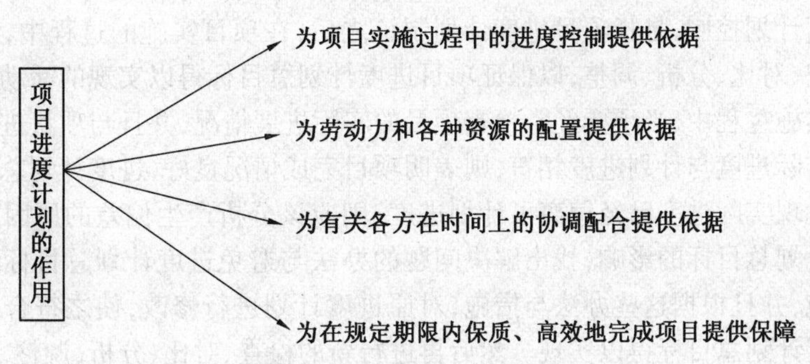

图4.2　项目进度计划的作用

(2)制订项目进度计划的步骤　为了满足项目进度管理与各个实施阶段项目进度控制的需要,对于同一项目往往要编制各种项目进度计划。例如建设项目便要分别编制工程项目前期工作计划、工程项目建设总进度计划、工程项目年度计划、工程设计进度计划、工程施工进度计划、工程监理进度计划等。这些进度计划的具体内容虽然不同,但是其制订步骤却大致相似。制订项目进度计划通常包括以下四个步骤,如图4.3所示。

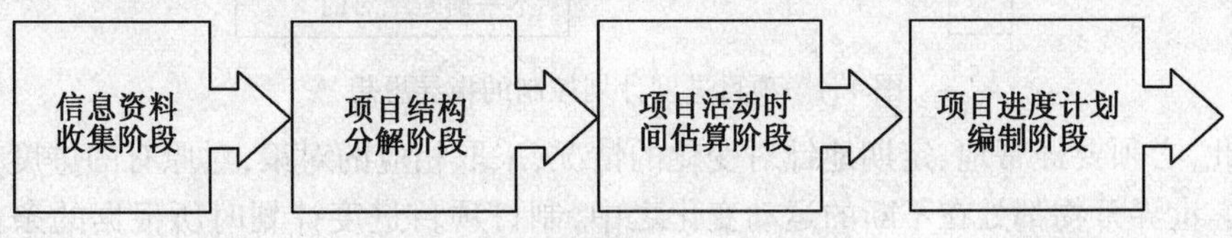

图4.3　制定项目进度计划的步骤

1)信息资料收集。为了保证项目进度计划的科学性与合理性,在编制进度计划之前,必须收集真实、可信的信息资料,作为编制进度计划的依据。这些信息资料具体包括项目背景、项目实施条件、项目实施单位、人员数量与技术水平、项目实施各个阶段的定额规定等。例如建设项目,在编制其工程建设总进度计划之前,一定要掌握项目开工以及投产的日期,项目建设的地点以及规模,设计单位各专业人员的数量、工作效率、对类似工程的设计经历以及质量,现有施工单位资质等级、技术装备、施工能力、对类似工程的施工状况以及国家有关部门颁发的各种有关定额等资料。

2)项目结构分解。即依据项目进度计划的种类、项目完成阶段的分工、项目进度控制精度的要求以及完成项目单位的组织形式等情况,把整个项目分解成为一系列相互关联的基本活动,这些基本活动在进度计划中一般也被称为工作。

3)项目活动时间估算。即在项目分解完毕以后,根据每个基本活动工作量的大小、投入资源的多少以及完成该基本活动的条件限制等因素,估算出完成每个基本活动所需要的时间。

4)项目进度计划编制。即在前面工作的基础上,依据项目各项工作完成的先后顺序要求与组织方式等条件,通过分析计算,把项目完成的时间、各项工作的先后顺序、期限等要素用图表的形式表示出来,这些图表就是项目进度计划。

2. 项目进度计划控制

项目进度计划控制,是指项目进度计划制订之后,在项目实施的过程中,对实施进展情况进行检查、对比、分析、调整,以保证项目进度计划总目标得以实现的活动。

在项目实施过程中,必须要经常检查项目的实际进展情况,并且与项目进度计划进行比较。如果实际进度与计划进度相符,则表明项目完成情况良好,进度计划总目标的实现有保证。若发现实际进度已经偏离了计划进度,则应该分析产生偏差的原因与对后续工作项目进度计划总目标的影响,找出解决问题的办法与避免进度计划总目标受影响的切实可行的措施,并且根据这些办法与措施,对原进度计划进行修改,使之符合实际情况并且保证原进度计划总目标得以实现。然后再进行新的检查、对比、分析、调整,直到项目最终完成,从而确保项目进度总目标的实现。甚至可在不影响项目完成质量与不增加施工成本的前提下,使项目提前完成。

项目进度计划控制的指导思想如图 4.4 所示。

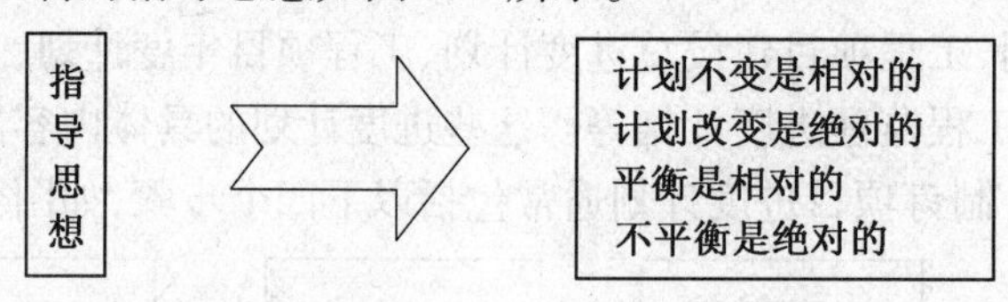

图 4.4　项目进度计划控制的指导思想

因此,必须要经常地、定期地针对变化的情况,采取相应的对策,对原有的进度计划进行调整。世界万物都处在不断的运动变化之中,制订项目进度计划时所根据的条件也在不断变化。影响项目按原进度计划进行的因素很多,既有人为的因素,例如实施单位组织不力、协作单位情况有变、实施的技术失误、人员操作不当等;亦有自然因素的影响和突发事件的发生,如地震、洪涝等自然灾害的出现与战争、动乱的发生等。因此,决不能认为制订了一个科学合理的进度计划后就可一劳永逸,便放弃对进度计划实施的控制。当然,也不能因进度计划肯定要变,便对进度计划的制订不重视,忽视进度计划的合理性与科学性。正确的态度应该是:一方面,在确定进度计划制订的条件时,要具有一定的预见性与前瞻性,使制订出的进度计划尽可能符合变化后的实施条件;另一方面,在项目实施过程中,要根据变化后的情况,在不影响进度计划总目标的前提下,对进度计划及时进行修正与调整,而不能完全拘泥于原进度计划,否则,便会适得其反,使实际进度计划总目标难以实现。即,要有动态管理思想。

4.1.6　项目进度管理程序

工程项目经理部应该按照以下程序进行进度管理:

(1)依据施工合同的要求确定施工进度目标,明确计划开工日期、计划总工期与计划竣工日期,确定项目分期分批的开、竣工日期。

(2)编制施工进度计划,具体安排实现计划目标的工艺关系、搭接关系、组织关系、起止时间、劳动力计划、材料计划、机械计划及其他保证性计划。分包人负责依据项目施工进度计划编制分包工程施工进度计划。

(3)进行计划交底,落实责任,并且向监理工程师提出开工申请报告,按照监理工程师开工令确定的日期开工。

(4)实施施工进度计划。项目经理要通过施工部署、组织协调、生产调度和指挥、改善施工程序与方法的决策等,应用技术、经济与管理手段实现有效的进度管理。项目经理部首先要建立进度实施、控制的科学组织系统与严密的工作制度,然后根据工程项目进度管理目标体系,对施工的全过程进行系统控制。正常情况下,进度实施系统要发挥监测、分析职能并循环运行,即随着施工活动的进行,信息管理系统会不断地把施工实际进度信息,按照信息流动程序反馈给进度管理者,经过统计整理、比较分析以后,确认进度无偏差,则系统继续运行;若发现实际进度与计划进度有偏差,系统将发挥调控职能,分析偏差产生的原因,及对后续施工与总工期的影响。必要时,可对原计划进度作出调整,提出纠正偏差方案与实施技术、经济、合同保证措施,以及取得相关单位支持和配合的协调措施,确认可行后,把调整后的新进度计划输入到进度实施系统,施工活动继续在新的控制下运行。当新的偏差出现以后,再重复上述过程,直至施工项目全部完成。进度管理系统也可处理由于合同变更而需要进行的进度调整。

(5)全部任务完成之后,进行进度管理总结并且编写进度管理报告。

项目进度管理的程序如图4.5所示。

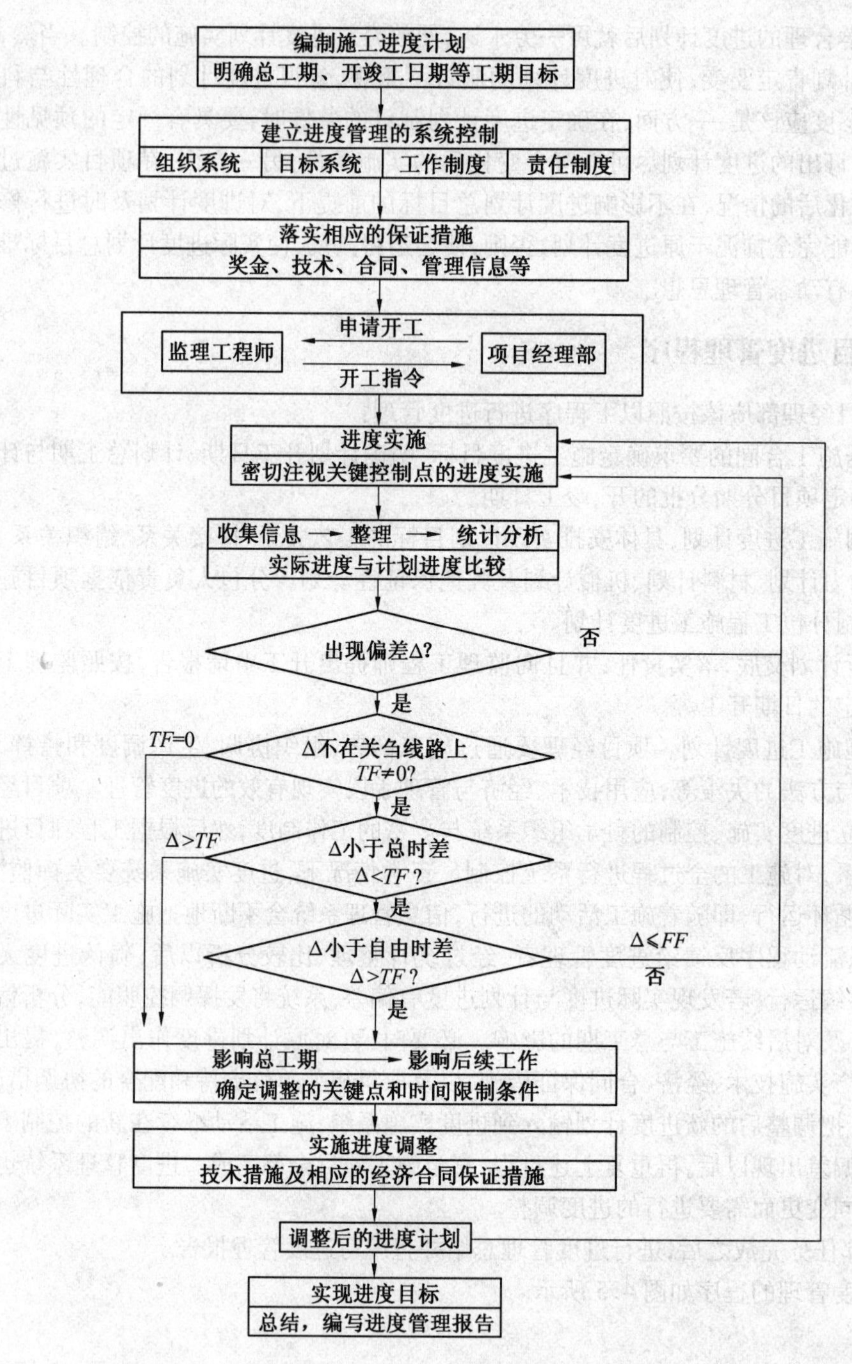

图4.5 项目进度管理程序示意图

4.1.7 项目进度管理措施

工程项目施工进度控制采取的主要措施包括组织措施、技术措施、合同措施与经济措施等。

1. 组织措施

组织是目标能否实现的决定性因素，为了实现工程项目施工进度的目标，必须建立健全项目管理的组织体系，在项目组织结构中应该有专门的工作部门与符合进度控制岗位资格的专人负责进度控制工作。应落实各层次进度控制人员的具体任务和工作职责；按照施工项目的结构、进展的阶段或者合同结构等进行项目分解，确定其进度目标，建立控制目标的体系；确定进度控制工作制度，例如检查时间、方法、协调会议时间、参加人等；对影响进度的因素分析与预测。

2. 技术措施

工程项目施工进度控制的技术措施主要是施工技术方法的选择与使用。施工方案对工程进度有直接的影响，在决策其选用时，不仅要分析技术的先进性与经济合理性，还应该考虑其对进度的影响。在工程进度受阻时，应该分析是否存在施工技术的影响因素，为了实现进度目标，有无改变施工技术、施工方法与施工机械的可能性。

3. 合同措施

以合同形式保证工期进度的实现，即：

(1)保持总进度管理目标与合同总工期相一致。

(2)分包合同的工期与总包合同的工期相一致。

(3)供货、供电、运输、构件加工等合同规定的提供服务时间与有关的进度管理目标一致。

4. 经济措施

工程项目施工进度控制的经济措施重要是指实现进度计划的资金保证措施。为了确保进度目标的实现，应该编制与进度计划相适应的资金需求计划与其他资源需求计划，分析资金供应条件，制定资金保证措施，并且付诸实施。在工程预算中，应该考虑加快工程进度所需要的资金，其中也包括为实现进度目标将要采取的经济激励措施所需要的费用。

4.2　施工进度计划编制与实施

4.2.1　进度计划编制

1. 进度计划的编制依据

(1)合同文件。合同文件的作用是提出计划总目标，以满足顾客的需求。

(2)施工现场管理规划文件。施工现场管理规划文件是施工现场管理组织根据合同文件的要求，结合组织自身条件所作的安排，其目标规划便成为项目进度计划的编制依据。

(3)资源条件和内部与外部约束条件。资源条件和内部与外部约束条件都是进度计划的约束条件，影响计划目标和指标的决策和执行效果。

2. 进度计划的编制内容

(1)控制性进度计划。包括整个项目的总进度计划，分阶段进度计划，子项目进度计划或单体工程进度计划，年(季)度计划。上述各项计划依次细化且被上层计划所控制。

其作用是对进度目标进行论证、分解,确定里程碑事件进度目标,作为编制实施性进度计划和其他各种计划以及动态控制的依据。

(2)作业性进度计划。包括分部分项工程进度计划、月度作业计划和旬度作业计划。作业性进度计划是项目作业的依据,确定具体的作用安排和相应对象或时段的资源需求。作业性进度计划应由项目经理部编制。项目经理部必须按计划实施作业,完成每一道工序和每一项分项工程。

3. 进度计划的编制程序

(1)确定进度计划的目标、性质和任务。

(2)进行工作分解。

(3)收集编制依据。

(4)确定工作的起止时间及里程碑。

(5)处理各工作之间的逻辑关系。

(6)编制进度表。

(7)编制进度说明书。

(8)编制资源需要量及供应平衡表。

(9)报有关部门批准。

4. 进度计划的编制方法

项目进度计划的编制可使用文字说明、里程碑表、工作量表、横道计划、网络计划等方法。作业性进度计划必须采用网络计划方法或横道计划方法。

(1)施工总进度计划的编制。施工总进度计划是对整个群体工程编制的施工进度计划。由于施工的内容较多,施工工期较长,故其计划项目综合性较大,控制性较大,很少作业性。

建筑工程施工总进度计划的编制要求见表4.2。

表4.2 施工总进度计划的编制要求

类别	项目	内容及说明
编制依据	施工合同	施工合同中的施工组织设计,合同工期,开、竣工日期,关于工期的延误、调整等约定,均是编制施工总进度计划的依据
	施工进度目标	除了合同约定的施工进度目标外,企业本身有自己的施工目标(一般要比合同目标短些,以求保险的进度目标),用以指导施工进度计划的编制
	工期定额	工期定额中规定的工期,是施工项目的最大工期限额。在编制施工总进度计划时,以此为最大工期标准,力争缩短而绝对不能超限
	有关技术经济资料	指可供参考的施工档案资料、地质资料、环境资料、统计资料等
	施工部署与主要施工方案	施工部署与主要施工方案是施工组织总设计中的内容。编制总进度计划应在施工部署和主要施工方案确定后进行

续表 4.2

类别	项目	内容及说明
编制步骤	计算工程量	工程量的计算可按初步设计(或扩大初步设计)图纸和有关定额手册或资料进行。常用的定额、资料有: (1)概算指标和扩大结构定额 (2)每万元、每 10 万元投资工程量、劳动量及材料消耗扩大指标 (3)已建成的类似建筑物、构筑物的资料
	确定各单位工程的施工期限	各单位工程的施工期限应根据合同工期确定,同时还要考虑建筑类型、结构特征、施工方法、施工管理水平、施工机械化程度及施工现场条件等因素
	确定各单位工程开竣工时间和相互搭接关系	主要应考虑以下要求: (1)尽量做到均衡施工,使劳动力、施工机械和主要材料供应在整个工期范围内达到均衡 (2)施工顺序必须与主要生产系统投入生产的先后次序相吻合,同时还要安排好配套工程的施工时间 (3)应注意季节对施工顺序的影响,使施工季节不导致工期拖延、不影响工程质量 (4)注意主要工种和主要施工机械能连续施工
	编制正式施工总进度计划	(1)初步施工总进度计划编制完成后,要对其进行检查。主要检查总工期是否符合要求,资源供应是否能保证,资源使用是否均衡等 (2)如果出现问题,可进行调整。调整方法可以改变某些工程的起止时间或调整主导工程的工期 (3)如果是网络计划,可利用计算机分别进行工期优化、费用优化和资源优化 (4)初步施工总进度计划经过调整符合要求后,即可编制正式的施工总进度计划
	编写施工进度计划说明书	其内容包括: (1)本施工总进度计划安排的总工期 (2)本施工总工期与合同工期和指令工期的比较,得出施工提前率 (3)各单位工程的工期、开工日期、竣工日期与合同约定的比较和分析 (4)施工高峰人数,平均人数及劳动力不均衡系数 (5)本施工总进度计划的优点和存在的问题 (6)执行本计划的重点和措施,有关责任的分配等

续表 4.2

类别	项目	内容及说明
	编制内容	(1)施工总计划的内容包括:编制说明;施工进度计划表;分期分批施工工程的开工日期、竣工日期及工资一览表;资源需要量及供应平衡表等 (2)施工总进度计划表是最主要内容,用来安排各单位工程计划开、竣工日期,工期,搭接关系及其实施步骤 (3)资源需要量及供应平衡表是根据施工总进度计划表编制的保证计划。包括劳动力、材料、构件、商品混凝土、预制构件和施工机械等资源计划

(2)单位工程施工进度计划的编制。单位工程施工进度计划是对单位工程或单体工程编制的施工进度计划的总称。由于它所包含的施工内容比较具体明确,施工期较短,故其作业性较强,是进度控制的直接依据。

建筑工程项目单位工程施工进度计划的编制要求见表 4.3。

表 4.3　单位工程施工进度计划的编制要求

类别	项目	内容及说明
编制依据	项目管理目标责任书	项目管理目标责任书中有六项内容,其中一项指“应达到的项目进度目标”。这个目标既不是合同目标,也不是定额工期,而是项目管理的责任目标,不但有工期,而且还有开工时间和竣工时间及主要搭接关系等
	施工总进度计划	单位工程进度计划应执行施工总进度计划中的开竣工时间、工期安排、搭接关系及其说明书。如需要调整,应征得施工总进度计划审批者的同意
	施工方案	施工方案中所包含的内容都对施工进度计划有约束作用
	主要材料和设备的供应能力	在编制单位工程施工进度计划时,必须考虑主要材料和机械设备供应能力是否满足需求量的要求
	施工人员的技术素质和劳动效率	施工人员技术素质的高低,影响着施工的进度和质量。因此施工人员的技术素质必须满足施工所规定的要求
	施工现场条件、气候条件、环境条件	这三种条件靠调查研究获取,如果在施工组织总设计中已经编制,可继续使用它作为依据,否则要重新调整
	工程进度及经济指标	已建成的同类工程实际进度及经济指标
	编制内容	(1)编制说明 (2)进度计划图(表) (3)资源需要量计划 (4)单位工程施工进度计划的风险分析及控制措施

续表 4.3

类别	项目	内容及说明
风险分析及控制措施	施工项目进度控制常见的风险	(1)工程变更,工程量增减 (2)材料等物资供应、劳动力供应、机械供应不及时 (3)自然条件的干扰 (4)拖欠工程款 (5)分包影响等
	风险控制措施	(1)风险分析及控制措施是根据“项目管理实施规则”中的“项目风险管理规则”和“保证进度目标的措施”调整并细化编制的,应具有可操作性 (2)控制措施可以从技术措施、组织措施、经济措施和合同措施4个方面实施控制

4.2.2 进度计划实施

1.进度计划实施要求

(1)经批准的进度计划,应向执行者进行交底并落实责任。

(2)进度计划执行者应制订实施计划方案。

(3)在实施进度计划的过程中应进行下列工作:

1)跟踪检查,收集实际进度数据;

2)将实际数据与进度计划进行对比;

3)分析计划执行的情况;

4)对产生的进度变化,采取相应措施进行纠正或调整计划;

5)检查措施的落实情况;

6)进度计划的变更必须与有关单位和部门及时沟通。

2.进度计划实施步骤

为了保证施工进度计划的实施,并且尽量按照编制的计划时间逐步实现,建筑工程施工进度计划的实施应按以下步骤进行。

(1)向执行者进行交底并落实责任。要把计划贯彻到项目经理部的每一个岗位上,每一个职工,要保证进度的顺利实施,就必须做好思想发动工作和计划交底工作。项目经理部要把进度计划讲解给广大职工听,让他们心中有数,并且要提出采取的措施,针对进度计划中的困难和问题,提出克服这些困难和解决这些问题的方法和步骤。

为保证进度计划的贯彻执行,项目管理层和作业层都要建立严格的岗位责任制,要严肃纪律、奖罚分明,项目经理部内部要积极推行生产承包经济责任制,贯彻按劳分配的原则,使职工群众的物质利益同项目经理部的经营成果结合起来,激发群众执行进度计划的自觉性和主动性。

(2)制订实施计划方案。进度计划执行者应制订工程施工进度计划的实施方案,具体来讲,就是编制详细的施工作业计划。

由于施工活动的复杂性,在编制施工进度计划时,不可能考虑到施工过程中的一切变化情况,因而不可能一次安排好未来施工活动中的全部细节,所以施工进度计划还只能是比较概括的,很难作为直接下达施工任务的依据。因此,还必须有更为符合当时情况、更为细致具体的、短时间的计划,这就是施工作业计划。施工作业计划是根据施工组织设计和现场具体情况,灵活安排,平衡调度,以确保实现施工进度和上级规定的各项指标任务的具体的执行计划。它是施工单位的计划任务、施工进度计划和现场具体情况的综合产物。

施工作业计划一般可分为月作业计划和旬作业计划两种。施工作业计划一般应包括以下三个方面内容:

1)明确本月(旬)应完成的施工任务,确定其施工进度。月(旬)作业计划应保证年、季度计划指标的完成,一般要按一定的规定填写作业计划表,见表4.4。

表4.4 月(旬)作业计划表

施工单位　　　　　　　　　　　　　　　　　　　　　　　　年　季　月

编号	工程地点及名称	计量单位	月计划					上旬		中旬		下旬		形象进度要求											
			数量	单价	合价	定额	工天	数量	工天	数量	工天	数量	工天	26	27	28	29	30	31	1	2	…	23	24	25

2)根据本月(旬)施工任务及其施工进度,编制相应的资源需要量计划。

3)结合月(旬)作业计划的具体实施情况,落实相应的提高劳动生产率和降低成本的措施。

(3)签发施工任务书。编制好月(旬)作业计划以后,将每项具体任务通过签发施工任务书的方式将其进一步落实。施工任务书是向班组下达任务,实行责任承包、全面管理和记录原始数据的综合性文件。施工班组必须保证指令任务的完成,这是计划和实施的纽带。施工任务书包括施工任务单(表4.5)、限额领料单(表4.6)、限额领料发放记录(表4.7)、考勤表等。其中施工任务单包括分项工程施工任务、工程量、劳动量、开工及完工日期、工艺、质量和安全要求等内容。限额领料单根据施工任务单编制,是控制班组领用料的依据,其中列明材料名称、规格、型号、单位和数量、退领料记录等。

表4.5 施工任务单

项目名称____ 编 号____ 开工日期____ 部位名称____ 签发人____

交底人____ 施工班组____ 签发日期____ 回收日期____

定额编号	分项工程名称	单位	定额工数			实际完成情况				考勤记录	
			工程量	时间定额 定额系数	定额工数	工程量	实需工数	实耗工数	工效/%	姓名	日期
小计											

材料名称	单位	单位定额	定额数量	实需数量	实耗数量	施工要求及注意事项	
						验收内容	签证人
						质量分	
						安全分	
						文明施工分	
						合计	

计划施工日期： 月 日～ 月 日 实际施工日期： 月 日～ 月 日 工期超 天 拖 天

表4.6 限额领料单

年 月 日

单位工程		施工预算工程量		任务单编号					
分项工程		实际工程量		执行班组					
材料名称	规格	单位	施工定额	计划用量	实际用量	计划单价	金额	级配	节约	超用

表4.7 限额领料发放记录

月/日	名称、规格	单位	数量	领用人	月/日	名称、规格	单位	数量	领用人	月/日	名称、规格	单位	数量	领用人

(4)跟踪记录,收集实际进度数据。在计划任务完成的过程中,各级施工进度计划的执行者都要跟踪做好施工记录,记载计划中的每项工作开始日期、工作进度和完成日期。为施工项目进度检查分析提供信息,因此要求如实记录,并填好有关图表。

(5)做好施工中的调度工作。施工调度是指在施工过程中不断组织新的平衡,建立和维护正常的施工条件及施工程序所做的工作。其主要任务是督促、检查工程项目计划和工程合同执行情况,调度物资、设备、劳力,解决施工现场出现的矛盾,协调内、外部的配合关系,促进和确保各项计划指标的落实。

4.3 施工进度控制

4.3.1 施工进度计划的检查

在工程项目施工进度计划的实施过程中,为了进行进度控制,进度控制人员应经常地、定期地跟踪检查施工实际进度情况,主要是收集项目施工进度材料,进行统计整理和对比分析,确定实际进度与计划进度之间的关系,其主要工作包括以下几点。

1.跟踪检查施工实际进度

跟踪检查施工实际进度是项目施工进度控制的关键措施,其目的是收集实际施工进度的有关数据。跟踪检查的时间和收集数据的质量,直接影响控制工作的质量和效果。

一般检查的时间间隔与工程项目的类型、规模、施工条件和对进度执行要求程度有关。通常可以确定每月、半月、旬或周进行一次。若在施工中遇到天气、资源供应等不利因素的严重影响,检查的时间间隔可临时缩短,次数应频繁,甚至可以每日进行检查,或派人员驻现场督阵。检查和收集资料的方式一般采用进度报表方式或定期召开进度工作汇报会。为了保证汇报资料的准确性,进度控制的工作人员,要经常到现场察看项目施工的实际进度情况,从而保证经常地、定期地准确掌握项目施工的实际进度。

2.整理统计检查数据

收集到的施工项目实际进度数据,要进行必要的整理、按计划控制的工作项目进行统计,形成与计划进度具有可比性的数据、相同的量纲和形象进度。一般可以按实物工程量、工作量和劳动消耗量,以及累计百分比整理和统计实际检查的数据,以便与相应的计划完成量相对比。

3.对比实际进度与计划进度

将收集的资料整理和统计成具有与计划进度可比性的数据后,用施工项目实际进度与计划进度的比较方法进行比较。通常用的比较方法有横道图比较法、S形曲线比较法、香蕉形曲线比较法、前锋线比较法和列表比较法等。通过比较得出实际进度与计划进度相一致、超前、拖后三种情况。

4.施工项目进度检查结果的处理

工程项目施工进度检查的结果,应按照检查报告制度的规定形成进度控制报告,向有关主管人员和部门汇报。

进度控制报告是把检查比较的结果、有关施工进度现状和发展趋势提供给项目经理及各级业务职能负责人的最简单的书面形式报告。

进度控制报告是根据报告的对象不同,确定不同的编制范围和内容而分别编写的。一般分为项目概要级进度控制报告、项目管理级进度控制报告和业务管理级进度控制报告。项目概要级的进度报告是报给项目经理、企业经理或业务部门,以及建设单位或业主的,它是以整个施工项目为对象说明进度计划执行情况的报告。项目管理级的进度报告是报给项目经理及企业业务部门的,它是以单位工程或项目分区为对象说明进度计划执行情况的报告。业务管理级的进度报告是就某个重点部位或重点问题为对象编写的报告,供项目管理者及各业务部门为其采取应急措施而使用的。

进度报告由计划负责人或进度管理人员与其他项目管理人员协作编写。报告时间一般与进度检查时间相协调,也可按月、旬、周等间隔时间进行编写上报。

4.3.2 施工进度计划的调整

施工项目进度计划的调整是根据检查结果,分析实际进度与计划进度之间产生的偏差及原因,采取积极措施予以补救,对计划进度进行适时修正,最终确保计划进度目标得以实现的过程。

1. 分析进度偏差的影响

在工程项目实施过程中,通过实际进度与计划进度的比较,发现有进度偏差时,应当分析该偏差对后续工作及对总工期的影响,从而采取相应的调整措施对原进度计划进行调整,以确保工期目标的顺利实现。进度偏差的大小及其所处的位置对后续工作和总工期的影响程度是不同的,分析时需利用网络计划中工作的总时差和自由时差的概念进行判断。分析步骤如下:

(1)分析产生偏差的工作是否为关键工作。若出现偏差的工作为关键工作,则无论偏差大小,都对后续工作及总工期产生影响,必须采取相应的调整措施,若出现偏差的工作为非关键工作,需要根据偏差值与总时差和自由时差的大小关系,确定对后续工作和总工期的影响程度。

(2)分析进度偏差是否大于总时差。若工作的进度偏差大于该工作的总时差,说明此偏差必将影响后续工作和总工期,必须采取相应的调整措施;若工作的进度偏差小于或等于该工作的总时差,说明此偏差对总工期无影响,但它对后续工作的影响程度,需要根据比较偏差与自由时差的情况来确定。

(3)分析进度偏差是否大于自由时差。若工作的进度偏差大于该工作的自由时差,说明此偏差对后续工作产生影响。应该如何调整,应根据后续工作允许影响的程度而定;若工作的进度偏差小于或等于该工作的自由时差,则说明此偏差对后续工作无影响。因此,原进度计划可以不做调整。

经过如此分析,进度控制人员可以确认应该调整产生进度偏差的工作和调整偏差值的大小,以便确定采取调整措施,获得新的符合实际进度情况和计划目标的新进度计划。

2. 工程项目施工进度计划的调整方法

在对实施的进度计划分析的基础上,应确定调整原计划的方法,一般主要有以下几种:

(1)改变某些工作间的逻辑关系。若检查的实际施工进度产生的偏差影响了总工期,在工作之间的逻辑关系允许改变的条件下,可改变关键线路和超过计划工期的非关键线路上的有关工作之间的逻辑关系,达到缩短工期的目的。用这种方法调整的效果是很显著的,例如可以把依次进行的有关工作改变为平行的或互相搭接的以及分成几个施工段进行流水施工的工作,都可以达到缩短工期的目的。

(2)缩短某些工作的持续时间。这种方法是不改变工作之间的逻辑关系,只是缩短某些工作的持续时间,而使施工进度加快,以保证实现计划工期目标的方法。这些被压缩持续时间的工作是由于实际施工进度的拖延而引起总工期增长的关键线路和某些非关键线路上的工作。同时这些工作又是可压缩持续时间的工作,这种方法实际上就是网络计划优化中工期优化方法和工期与成本优化方法,不再赘述。

(3)资源供应的调整。如果资源供应发生异常,应采用资源优化方法对计划进行调整,或采取应急措施,使其对工期影响最小。

(4)增减施工内容。增减施工内容应做到不打乱原计划的逻辑关系,只对局部逻辑关系进行调整。在增减施工内容以后,应重新计算时间参数,分析对原网络计划的影响。当对工期有影响时,应采取调整措施,保证计划工期不变。

(5)增减工程量。增减工程量主要是指改变施工方案、施工方法,从而导致工程量的增加或减少。

(6)起止时间的改变。起止时间的改变应在相应工作时差范围内进行。每次调整必须重新计算时间参数,观察该项调整对整个施工进度计划的影响,调整时可在下列方法中进行:

1)将工作在其最早开始时间与其最迟完成时间范围内移动。

2)延长工作的持续时间。

3)缩短工作的持续时间。

4.3.3 项目进度控制方法

进度控制的主要方法包括进度控制的行政方法、进度控制的经济方法、进度控制的管理技术方法等,可以根据项目的实际情况采取组织措施、技术措施、合同措施、经济措施,以及信息管理措施等。项目控制的方法按是否使用信息技术,可分为传统和计算机辅助控制两种。下面介绍项目控制文件和项目控制会议等方法。

1. 项目控制文件

在项目的工作范围、规模、工作任务、计划进度等明确以后,就应准备项目控制所需的其他文件。主要项目控制文件有:

(1)合同。合同规定了双方的责、权、利,它是项目实施管理、跟踪与控制的首要依据,具有法律效应。

(2)工作范围细则。它确定了项目实施中每一任务的具体业务内容,是工作变动的基准。

(3)职责划分细则。它指明了项目实施过程中各个部门或个人所应负责的工作,包括工艺、过程设计、采购供应、施工、会计、保险、成本控制等各个方面。

(4)项目程序细则。规定涉及项目组、用户以及主要供货商之间关于设计、采购、施工、作业前准备、质量保证以及信息沟通等方面协调活动的程序。

(5)技术范围文件。它列出了项目的设备清单,制定项目设计依据,将要使用的标准、规范、编码及手续、步骤等。

(6)计划文件。它是项目实施工作进行以前预先拟定的具体工作内容和步骤。它包括实施计划、采购计划、人力组织计划、质量、成本、进度等控制计划、报表计划,当然,根据项目的具体内容,还可以适当删减或增加项目控制文件。

2. 项目控制会议

项目实施期间的会议很多。有定期例会,如工作小组每周一次的回顾与展望会议;有非定期特别会议,在必要时随时召开,如订购大型设备会、分包会、意外事故分析会等。但有一些是项目重要的控制会议,与项目里程碑计划时间或控制关键检查时间对应。控制会议的主要内容是检查、评估上一阶段的工作,分析问题、寻找对策,并布置下一阶段的主要任务和目标。具体包括:

(1)里程碑完成情况。

(2)计划未实现对后续工作的影响。

(3)未完成工作何时能完成。

(4)是否采取纠偏措施。

(5)何时及怎样才能回到计划轨道。

(6)下一步活动里程碑计划。

4.3.4 项目进度控制分析工具

在项目控制分析系统中,管理者最常用的分析工具是偏差分析和趋势预测。

1. 偏差分析

偏差是指实际成本、进度或质量指标与相应计划之间的偏离程度。由于项目控制的反馈性,组织中各管理层都经常利用偏差来验证预算和进度系统。在验证预算和进度系统时,必须同时比较成本偏差与进度偏差。因为成本偏差只是实际成本对预算的偏离,不能用于测量实际进度对计划进度的偏离,而进度偏离亦不能反映成本偏离情况。偏差值是控制分析中的一个关键参数,因而应向各相关单位汇报。对于不同的项目或同一项目不同阶段或不同管理层次,由于对偏差的控制程度不一样,制定偏差允许值的方法也不同。这主要取决于所处生命周期阶段、所处生命周期阶段的时间长短、项目总时间的长短、估算方式、估算精确度等因素。

图4.6反映了项目在不同阶段,偏差程度允许值大小的变化。随着时间的推移,风险减少了,因而偏差的容许度也可降低。

2. 趋势预测

项目在进行当中总会出现偏差,不管是预算、挣得值还是进度都不可避免地会发生这种情况,所以可根据项目实施与项目计划的偏差情况进行项目的未来趋势预测,如图4.7所示。

图4.7中,对项目中的某一特定任务的某一指标而言,计划段代表项目计划情况,而实际段则是项目实施中的实际统计数据,二者在当前时刻进行比较。管理者根据实际的

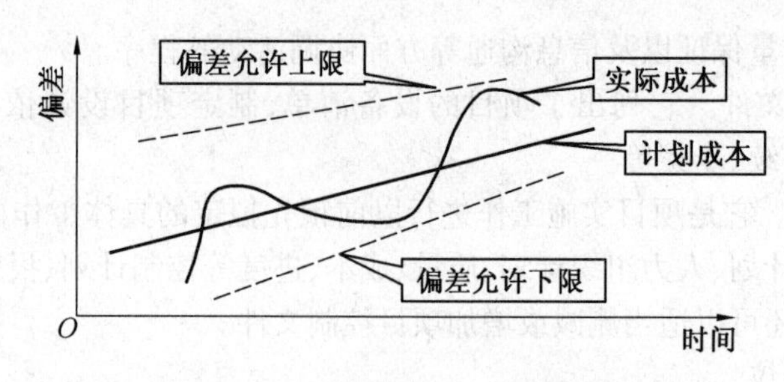

图4.6 项目周期阶段成本偏差

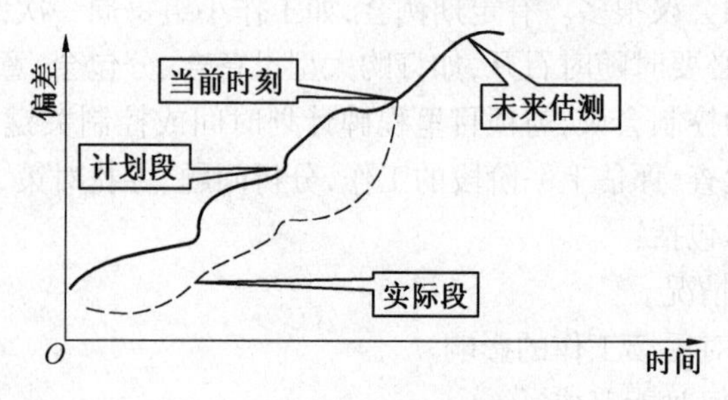

图4.7 项目进展趋势分析

偏离情况并假设对已发生的偏差不采取纠正行动,预测实施将按未来某种项目执行轨迹运行才能按预期实现项目的最终目标。对于新的计划轨迹,管理者应该考虑是否存在实现问题、应采用哪个替代方案、成本和资源需求如何、要完成哪些任务等。

3.关键比值

在大项目中,通常用计算一组关键比值来加强控制分析。关键比值计算如下:

关键比值=(实际进度/计划进度)×(预算成本/实际成本)

这里,将实际进度/计划进度称为进度比值,将预算成本/实际成本称为成本比值,关键比值则由进度比值和成本比值组成,是这两个独立比值的乘积。就单个独立比值而言,当二者都大于1时,项目活动实施状态是好的。

一般来说,关键比值在1附近时,不需要采取控制行动。表4.8就是某项目用于跟踪和监控项目的关键比值的设定。对于不同的项目、不同的任务,关键比值的控制范围是不相同的,需要具体问题具体分析。

表4.8 某项目关键比值设定及相应措施

序号	关键比值设定	应当采取的措施
1	0.3~0.6	通知公司管理人员
2	0.6~0.8	立即调查
3	0.8~0.9	仔细观察并让项目工程师调查
4	0.9~1.0	可以忽略
5	1.0~1.2	忽略
6	1.2~1.3	有空闲调查时调查
7	1.3~1.5	立即调查

4.因果分析

因果分析图常常用于质量管理当中,但在项目偏差因果分析时也是很适合的。

因果分析一般包括以下四个步骤:

(1)明确问题。

(2)查找产生该问题的原因。为从系统角度充分认识各方原因,应组织具有代表性的人物并采用头脑风暴法进行。

(3)确定各原因对问题产生的影响程度。

(4)画出带箭头的鱼刺图,如图4.8所示。

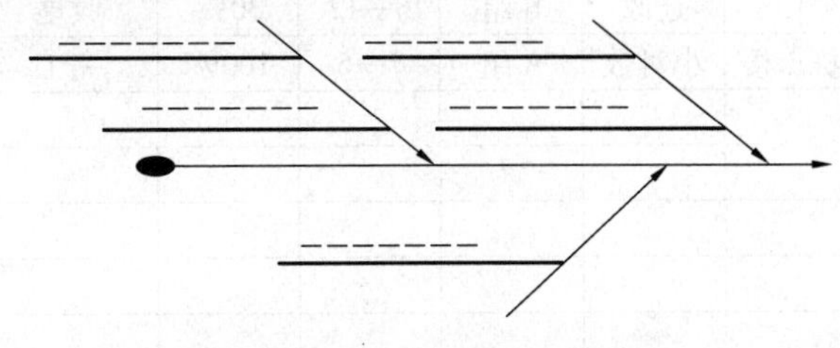

图4.8 因果分析图的一般形式

因果分析图是用来进行因果分析的一种较为常见的方法,它具有系统性、直观性等特点,同时也适于进行定量分析,因此说它是一种较好的方式。

4.3.5 范例

1. 施工进度计划实施表格填写范例

施工进度计划实施表格填写范例,见表4.9、表4.10。

表4.9 工程施工任务书

编号:×××

工程名称	××工程	工程地点	××市××区××路××号
工程类型	公用	合同编号	×××××
项目负责人	王××	项目经理	张××
要求开工时间	2013年1月1日	要求竣工时间	2013年9月30
施工任务描述: 110 kV变电站,总面积6 240 m²,框架结构、地下一层地上三层建筑檐高15.6 m,人防等级二级,抗震等级一级,高防烈度8度。			
任务要求: 施工工期9个月 自2013年1月—2013年9月			
交接文件资料清单: 工程招标投标与承包合同文件 1份 工程开工文件 1份 工程图 1套 勘察测绘与设计文件 1套			
工程实施有关联系人及联系方式: ××集团有限公司 ××× 159 ××××××××			
下达人	宋××	承接人	李××

项目经理:××× 编制人:××× 编制日期:××年×月×日

表 4.10　项目进度跟踪表

项目名称:×××工程　　　　编号:×××

工程编号	工程名称	工程类型	施工组别	开工日期	进度	进度简述或完成内容
001	电缆覆盖工程	DP 覆盖	B 组	6—25	60%	原打钢线受阻部分已协调好,100P 以下电缆已布放完毕,管道完工
002	管道渗漏迁改工程	迁改	B 组	6—12	30%	收尾
003	新村 B 区 10 栋 1 楼	小对数	A 组	7—6	100%	完工

项目经理:×××　　　　制表人:×××　　　　制表日期:××年×月×日

2. 施工进度计划报表填写范例

施工进度计划报表填写范例,见表 4.11、表 4.12。

表 4.11　第×周项目部完成工程量统计报表

项目部:××项目部　　　　编号:×××

序号	分部分项工程名称	投标单价	单位	周计划完成量	周实际完成量	累计完成量	计划完成时间	实际完成时间
1	××柱混凝土浇筑	350	m^3	110	115	690	2013 年 6 月 25 日	××年×月×日
2	××梁混凝土浇筑	380	m^3	90	95	570	2013 年 6 月 30 日	××年×月×日

制表人:×××　　　　项目副经理:×××　　　　项目经理:×××

编制日期:××年×月×日

表4.12 工程检查表

编号:×××

项目名称:××工程

报告时间:自2013年3月5日　　到2013年3月10日

评审目标:

绩效满足目标☑	低于目标□	高于目标□
预算满足目标☑	超支□	剩余□
进度计划满足目标☑	滞后	超前□

总的来说,项目成功吗?　　是☑　　不是□

若不成功,是由哪些因素造成的?

哪些工作确实做得很好?

哪些工作本应做得更好?

对项目的未来有何建议?

如果你再做一次,会有哪些不同?

你学到了哪些经验可以用于未来的项目?

备注:

制表人:×××　　项目经理:×××　　编制日期:××年×月×日

3. 施工进度报告书填写范例

施工进度报告书填写范例,见表4.13。

表4.13 项目进度报告书

编号:×××

项目名称	××工程	业主单位	××集团公司
建设地点	××市××区××路××号	承包单位	××建筑工程公司
项目合同编号	×××××	项目经理	李××
文件、报告编号	××××	日期	2013年6月25日

项目进展情况:

(1)项目执行效果测量数据:

(2)设计进展情况(进度、费用、质量):

(3)采购进展情况(进度、费用、质量):

(4)施工进展情况(进度、费用、质量):

(5)考核进展情况(进度、费用、质量):

(6)财务收、支情况:

(7)其他合同执行情况:

实施过程中存在的问题:

(1)设计:

(2)采购:

(3)施工:

(4)考核:

(5)财务控制:

(6)其他:

对问题的处理意见:

(1)项目组采取的措施:

(2)提请公司有关部门解决的问题:

(3)提请业主解决的问题:

制表人:××× 项目经理:××× 编制日期:××年×月×日

4.工程项目进度控制例题分析

(1)某工程的绑扎钢筋工程按施工计划安排需要9天完成,每天计划完成任务量百分比、每天工作的实际进度和检查日累计完成任务的百分比,如图4.9所示。

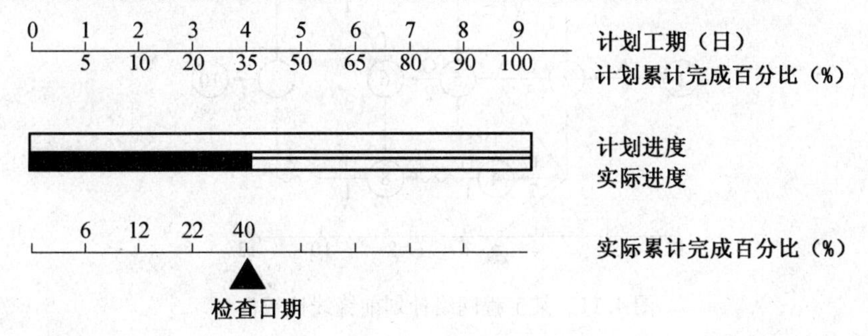

图4.9 非匀速横道图比较法

解:其比较方法的步骤如下:

1)编制横道图进度计划。

2)在横道线上方标出钢筋工程每天计划完成任务量的累计百分比,分别为5%,10%,20%,35%,50%,65%,80%,90%,100%。

3)在横道线的下方标出工作1天、2天、3天末和检查日期实际完成任务量的累计百分比,分别为6%,12%,22%,40%。

4)用涂黑粗线标出实际进度线。从图4.9中看出,实际开始工作时间比计划开始时间晚一段时间,进程中连续工作。

5)比较实际进度与计划进度的偏差。从图4.9中可以看出,第1天末实际进度比计划进度超前1%,以后各天末分别超前2%,2%和5%。

(2)已知某网络计划如图4.10所示,在第5天检查时,发现A工作已完成,B工作已进行1天,C工作已进行2天,D工作尚未开始。用前锋线法和列表比较法,进行实际进度与计划进度比较。

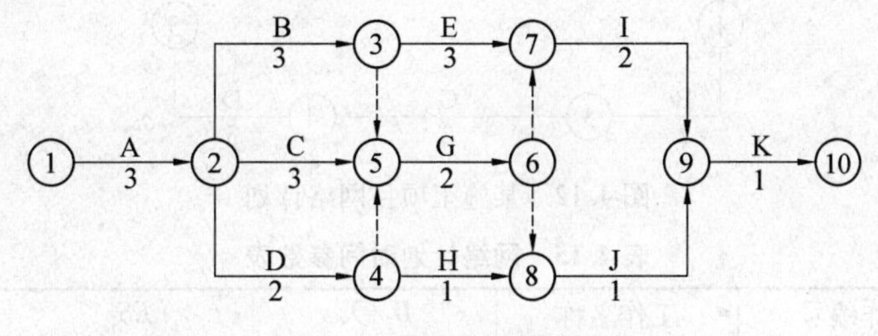

图4.10 某工程网络计划

解:

1)根据第5天检查情况,绘制前锋线,如图4.11所示。

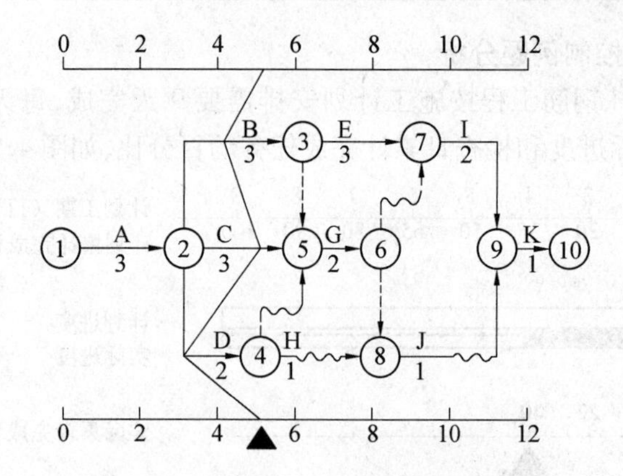

图4.11　某工程网络计划前锋线比较法

2)根据上述公式计算有关参数,见表4.14。

表4.14　工作进度检查比较表

项　目	工　作　代　号		
	2—3	2—5	2—4
工作名称	B	C	D
检查计划时尚需作业天数	2	1	2
到计划最迟完成时尚余天数	1	2	2
原有总时差	0	1	2
剩有总时差	-1	1	0
情况判断	拖延工期1天	正常	正常

3)根据尚有总时差的计算结果,判断工作实际进度情况,见表4.14。

(3)已知某工程项目网络计划如图4.12所示,有关网络计划时间参数见表4.15,完成任务量以劳动量消耗数量表示,见表4.16,试绘制香蕉形曲线。

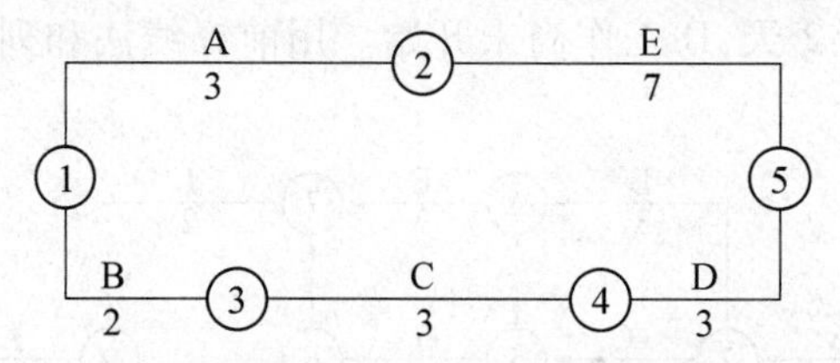

图4.12　某施工项目网络计划

表4.15　网络计划时间参数表

i	工作编号	工作名称	D_i/天	ES_i	LS_i
1	1—2	A	3	0	0
2	1—3	B	2	0	2
3	3—4	C	3	2	4
4	4—5	D	3	5	7
5	2—5	E	7	3	3

解：施工项目工作数 $n=5$，计划每天检查一次 $m=10$。

1）计算工程项目的总劳动消耗量 Q：

$$Q=\sum_{i=1}^{5}\sum_{j=1}^{10}q_{ij}^{ES}=50$$

2）计算到 j 时刻累计完成的总任务量 Q_j^{ES} 和 Q_j^{LS}，见表 4.16。

表 4.16　劳动量消耗数量表

q_{ij}/工日	q_{ij}^{ES}										q_{ij}^{LS}									
i \ j/天	1	2	3	4	5	6	7	8	9	10	1	2	3	4	5	6	7	8	9	10
1	3	3	3								3	3	3							
2	3	3											3	3						
3			3	3	3										3	3	3			
4						2	2	1										2	2	1
5				3	3	3	3	3	3	3				3	3	3	3	3	3	3

3）计算到 j 时刻累计完成的总任务量百分比 μ_j^{ES}、μ_j^{LS}，见表 4.17。

表 4.17　完成的总任务量及其百分比表

j/天	1	2	3	4	5	6	7	8	9	10
Q_j^{ES}/工日	6	12	18	24	30	35	40	44	47	50
Q_j^{LS}/工日	3	6	12	18	24	30	36	41	46	50
μ_j^{ES}/%	12	24	36	48	60	70	80	88	94	100
μ_j^{LS}/%	6	12	24	36	48	60	72	82	92	100

4）根据相应的 j 绘制 ES 曲线和 LS 曲线，得香蕉形曲线，如图 4.13 所示。

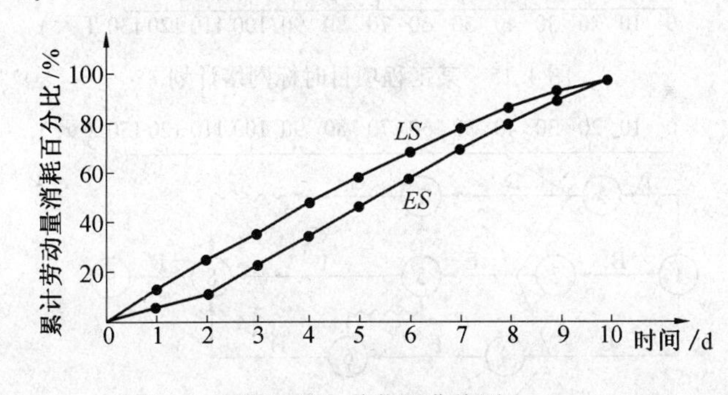

图 4.13　香蕉形曲线图

（4）某工程项目时标网络计划如图 4.14 所示。该计划执行到第 6 周末检查实际进度时，发现工作 A 和 B 已经全部完成，工作 D、E 分别完成计划任务量的 20% 和 50%，工作 C 尚需 3 周完成，试用前锋线法进行实际进度与计划进度的比较。

解：根据第 6 周末实际进度的检查结果绘制前锋线，如图 4.14 中点画线所示。通过比较可以看出：

1）工作 D 实际进度拖后 2 周，将使其后续工作 F 的最早开始时间推迟 2 周，并使总工期延长 1 周。

2）工作 E 实际进度拖后 1 周，既不影响总工期，也不影响其后续工作的正常进行。

3)工作 C 实际进度拖后 2 周,将使其后续工作 G,H,I 的最早开始时间推迟 2 周。由于工作 G,I 开始时间的推迟,从而使总工期延长 2 周。

综上所述,如果不采取措施加快进度,该工程项目的总工期将延长 2 周。

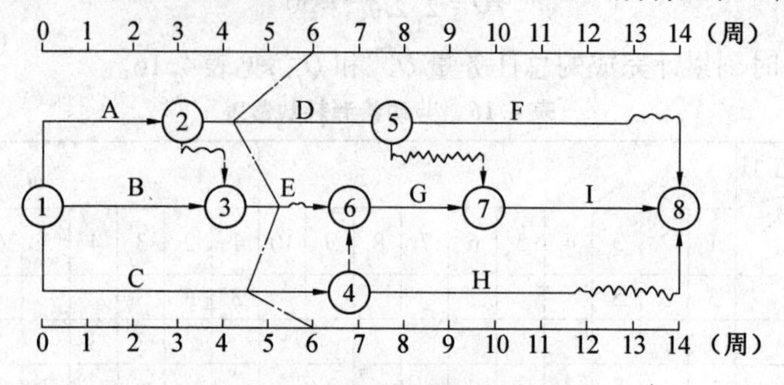

图 4.14　某工程前锋线比较图

(5)以图 4.15 所示网络计划为例,如果在计划执行到第 40 天下班时刻检查时,其实际进度如图 4.16 中前锋线所示,按图 4.17 分析目前实际进度对后续工作和总工期的影响,并提出相应的进度调整措施。

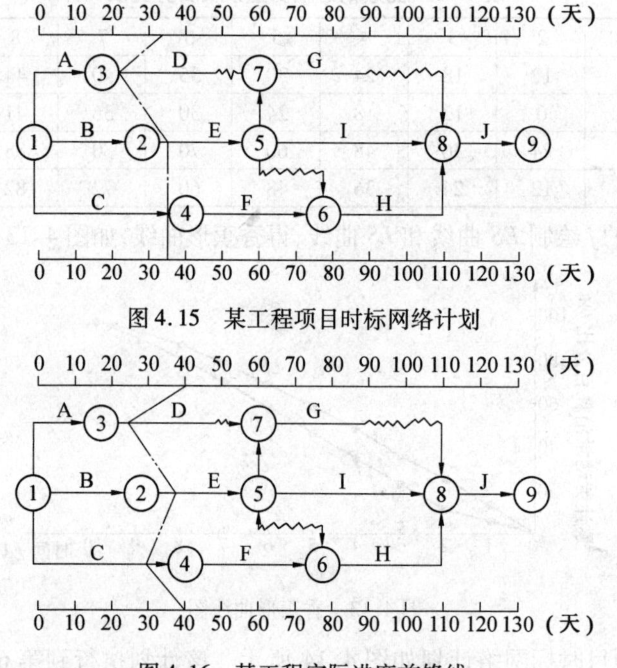

图 4.15　某工程项目时标网络计划

图 4.16　某工程实际进度前锋线

解　从图 4.18 中可以看出:

1)工作 D 实际进度拖后 10 天,但不影响其后续工作,也不影响总工期。

2)工作 E 实际进度正常,既不影响后续工作,也不影响总工期。

3)工作 C 实际进度拖后 10 天,由于其为关键工作,故其实际进度将使总工期延长 10 天,并使其后续工作 F,H 和 J 的开始时间推迟 10 天。

如果该工程项目总工期不允许拖延,则为了保证其按原计划工期 130 天完成,必须采

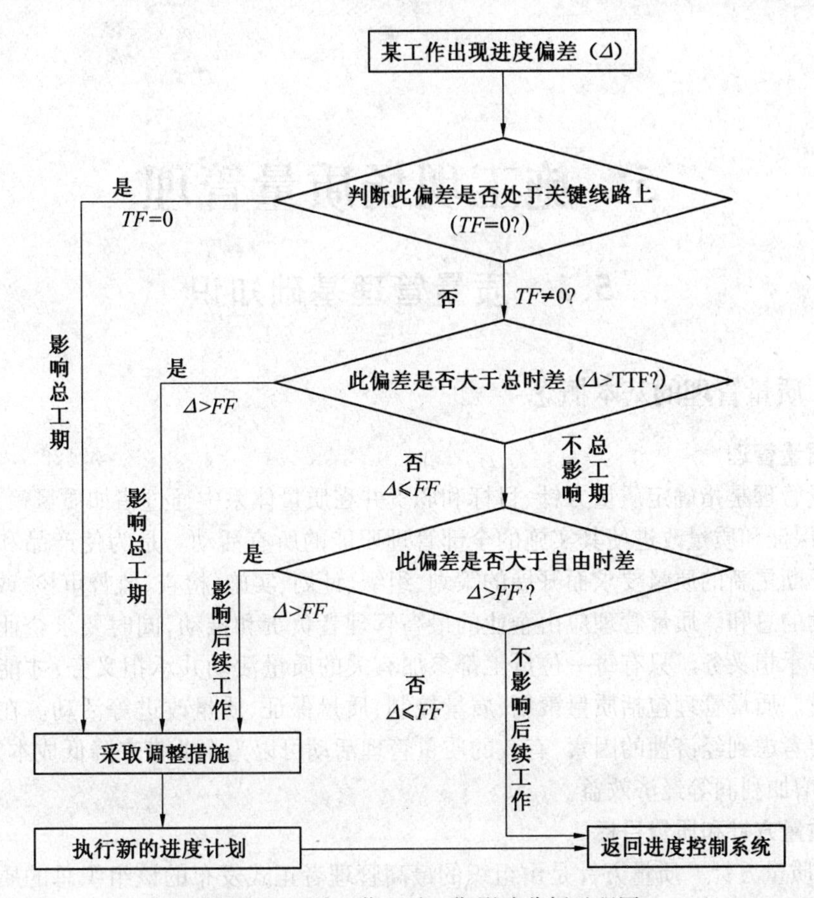

图4.17　对后续工作和总工期影响分析过程图

用工期优化的方法，缩短关键线路上后续工作的持续时间。现假设工作C的后续工作F，H和J均可以压缩10天，通过比较，压缩工作H的持续时间所需付出的代价最小，故将工作H的持续时间由30天缩短为20天。调整后的网络计划如图4.18所示。

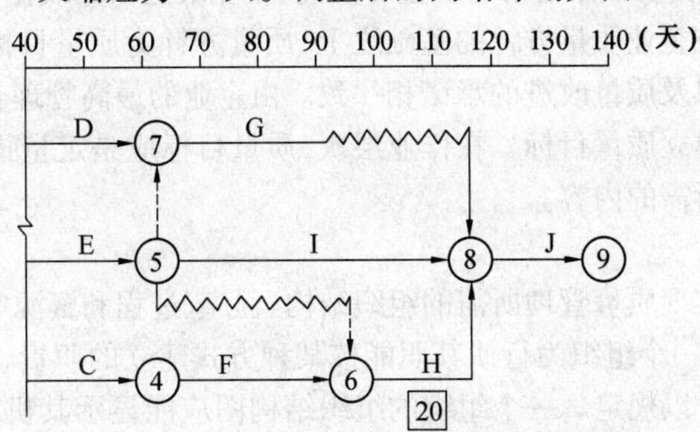

图4.18　调整后工期不拖延的网络计划

5 施工现场质量管理

5.1 质量管理基础知识

5.1.1 质量管理的基本概念

1. 质量管理

质量管理是指确定质量方针、目标和职责并在质量体系中通过诸如质量策划、质量控制、质量保证和质量改进使其实施的全部管理职能的所有活动。是为使产品和服务质量能满足不断更新的质量要求而开展的策划、组织、计划、实施、检查、监督审核、改进等所有管理活动的总和。质量管理应由企业的最高管理者负责和推动,同时要求企业的全体人员参与并承担义务。只有每一位员工都参加有关的质量活动并承担义务,才能实现所期望的质量。质量管理包括质量策划、质量控制、质量保证、质量改进等活动。在质量管理活动中要考虑到经济性的因素,有效的质量管理活动可以为企业带来降低成本、提高市场占有率、增加利润等经济效益。

2. 质量方针和质量目标

(1)质量方针。质量方针是由组织的最高管理者正式发布的该组织总的质量宗旨和质量方向。质量方针是企业的质量政策,是企业全体职工必须遵守的准则和行动纲领。它是企业长期或较长时期内质量活动的指导原则,反映了企业领导的质量意识和质量决策。质量方针是企业总方针的组成部分,它由企业的最高管理者批准和正式颁布。

(2)质量目标。质量目标是指与质量有关的、企业所追求的或作为目的的事物。

质量目标建立在企业质量方针的基础之上,质量方针为质量目标提供了框架。质量目标需与质量方针以及质量改进的承诺相一致。由企业的最高管理者确保在企业的相关职能和各个层次上建立质量目标。在作业层次,质量目标应是定量描述的并且应包括满足产品或服务要求所需的内容。

3. 质量体系

质量体系是指实现质量管理所需的组织结构、程序、过程和资源等组成的有机整体。

(1)组织结构是一个组织为行使其职能按某种方式建立的职责、权限及其相互关系,通常以组织结构图予以规定。一个组织的组织结构图应能显示其机构设置、岗位设置以及他们之间的相互关系。

(2)资源可包括人员、设备、设施、资金、技术和方法,质量体系应提供适宜的各项资源以确保过程和产品的质量。

(3)一个组织所建立的质量体系应既满足本组织管理的需要,又满足顾客对本组织的质量体系要求,但主要目的应是满足本组织管理的需要。顾客仅仅评价组织质量体系中与顾客订购产品有关的部分,而不是组织质量体系的全部。

(4)质量体系和质量管理的关系是,质量管理需通过质量体系来运作,即建立质量体系并使之有效运行是质量管理的主要任务。

4. 质量策划

质量策划是质量管理中致力于设定质量目标并规定必要的作业过程和相关资源以实现其质量目标的部分。

最高管理者应对实现质量方针、目标和要求所需的各项活动和资源进行质量策划,并且策划的输出应文件化。质量策划是质量管理中的筹划活动,是组织领导和管理部门的质量职责之一。组织要在市场竞争中处于优胜地位,就必须根据市场信息、用户反馈意见、国内外发展动向等因素,对老产品改进和新产品开发进行筹划。就研制什么样的产品,应具有什么样的性能,达到什么样的水平,提出明确的目标和要求,并进一步为如何达到这样的目标和实现这些要求从技术、组织等方面进行策划。

5. 质量控制

质量控制是指为达到质量要求所采取的作业技术和活动。

(1)质量控制的对象是过程控制的结果应能使被控制对象达到规定的质量要求。

(2)为使控制对象达到规定的质量要求,就必须采取适宜的有效的措施,包括作业技术和方法。

6. 质量保证

质量保证是指为了提供足够的信任,以表明企业能够满足质量要求,而在质量体系中实施并根据需要进行证实的全部有计划和有系统的活动。

(1)质量保证定义的关键是"信任",对达到预期质量要求的能力提供足够的信任。质量保证不是买到不合格产品以后的保修、保换、保退。

(2)信任的依据是质量体系的建立和运行。因为这样的质量体系将所有影响质量的因素,包括技术、管理和人员方面的,都采取了有效的方法进行控制,因而具有减少、消除、特别是预防不合格的机制。一言以蔽之,质量保证体系具有持续稳定地满足规定质量要求的能力。

(3)供方规定的质量要求,包括产品的要求、过程的要求和质量体系的要求,必须完全反映顾客的需求,才能给顾客以足够的信任。

(4)质量保证总是在有两方的情况下才存在,由一方向另一方提供信任。由于两方的具体情况不同,质量保证分为内部和外部两种。内部质量保证是为了使企业内部各级管理者确信本企业本部门能够达到并保持预定的质量要求而进行的质量活动;外部质量保证是使顾客确信企业提供的产品或服务能够达到预定的质量要求而进行的质量活动。

7. 质量改进

质量改进是指为了向本企业及其顾客提供增加的效益,在整个企业范围内所采取的旨在提高过程的效率和效益的各种措施。质量改进是通过改进产品或服务的形成过程来实现的。因为纠正过程输出的不良结果只能消除已经发生的质量缺陷,只有改进过程才能从根本上消除产生缺陷的原因,因而可以提高过程的效率和效益。质量改进不仅纠正偶发性事故,而且要改进长期存在的问题。为了有效地实施质量改进,必须对质量改进活动进行组织、策划和度量,并对所有的改进活动进行评审。通常质量改进活动由以下环节构成:组织质量改进小组,确定改进项目,调查可能的原因,确定因果关系,采取预防或纠正措施,确认改进效果,保持改进成果,持续改进。

8. 全面质量管理

全面质量管理是指一个组织以质量为中心,以全员参与为基础,目的在于通过让顾客满意和本组织所有成员及社会受益而达到长期成功的管理途径。

全面质量管理的特点是针对不同企业的生产条件、工作环境及工作状态等多方面因素的变化,把组织管理、数理统计方法以及现代科学技术、社会心理学、行为科学等综合运用于质量管理,建立适用和完善的质量工作体系,对每一个生产环节加以管理,做到全面运行和控制。通过改善和提高工作质量来保证产品质量;通过对产品的形成和使用全过程管理,全面保证产品质量;通过形成生产(服务)企业全员、全企业、全过程的质量工作系统,建立质量体系以保证产品质量始终满足用户需要,使企业用最少的投入获取最佳的效益。

5.1.2　建筑工程项目质量管理的特点

工程项目建设是一个系统的工程,由于其涉及面广,是一个极其复杂的综合过程,再加上项目位置固定、生产流动、结构类型不同、质量要求不同、施工方法不同、体型大、整体性强、建设周期长、易受自然条件影响等特点,因此,施工项目的质量比一般工业产品的质量难以控制,一般主要表现在以下五个方面:

1. 影响质量因素众多

工程项目质量的影响因素众多。例如决策、设计、材料、机械、地质、地形、水文、气象、施工工序、施工工艺、操作方法、管理制度、技术措施、人员素质、自然条件、施工安全等,均直接或者间接地影响到工程项目的质量。

2. 容易产生质量变异

工程项目建设由于涉及面广、施工工期长、影响其质量的因素众多,因此,系统中任何环节、任何因素出现质量问题,均将会导致系统质量因素的质量变异,造成工程质量事故。因此,要想在施工中严防出现系统性因素的质量变异,就要把质量变异控制在偶然性因素范围内。

3. 质量的波动性很大

由于工程项目施工不像工业产品生产,有固定的自动线与流水线,有规范化的生产工艺与完善的检测技术,有成套的生产设备与稳定的生产环境,有相同系列规格与相同功能的产品。再加上建筑产品自身所具有的固定性、复杂性、多样性与单件性等特点,决定了工程项目质量的波动性大。

4. 容易产生虚假性

工程项目在施工过程中,由于其工序交接多,中间产品多,隐蔽工程多,如不及时检查发现存在的质量问题,事后再看其表面,就可能产生第二判断错误,将不合格产品认为是合格产品;也可能产生第一判断错误,将合格产品认为不合格产品。以上两种情况均具有虚假性,在进行质量检查验收时,应该特别注意。

5. **产品终检的局限性**

工程项目建成之后，不可能像某些工业产品那样，可以再拆卸或者解体检查其内在质量，或者重新更换部分零件。即使发现有质量问题，也只能进行维修与改造，不可能像工业产品那样实行“包换”或者“退款”。

5.1.3　质量管理的原则与程序

1. **质量管理原则**

(1)质量第一。建筑产品作为一种特殊的商品，使用年限较长，是“百年大计”，直接关系到人民生命财产的安全。所以，工程项目在施工中应自始至终地把质量第一作为质量控制的基本原则。

(2)以人为本。人是质量的创造者，质量控制必须以人为本，把人作为控制的动力，调动人的积极性、创造性；增强人的责任感，树立“质量第一”观念；提高人的素质，避免人的失误；以人的工作质量保工序质量、促工程质量。

(3)预防为主。就是要从对质量的事后检查把关，转向对质量的事前控制、事中控制；从对产品质量的检查，转向对工作质量的检查、对工序质量的检查、对中间产品质量的检查。这是确保施工项目成功的有效措施。

(4)坚持质量标准，严格检查，一切用数据说话。质量标准是评价产品质量的尺度，数据是质量控制的基础和依据。产品质量是否符合质量标准，必须通过严格检查，用数据说话。

(5)贯彻科学、公正、守法的职业规范。建筑施工企业的项目经理，在处理质量问题的过程中，应尊重客观事实，尊重科学，客观、公正，不持偏见；遵纪守法，杜绝不正之风；既要坚持原则、严格要求、秉公办事，又要谦虚谨慎、实事求是、以理服人、热情帮助他人。

2. **质量管理程序**

(1)进行质量策划，确定质量目标。

(2)编制质量计划。

(3)实施质量计划。

(4)总结项目质量管理工作，提出持续改进的要求。

5.1.4　项目质量管理的过程

任何建筑工程项目都是由分项工程、分部工程和单位工程所组成的，而工程项目的建设，则通过一道道工序来完成。因此，工程项目的质量管理是从工序质量到分项工程质量、分部工程质量、单位工程质量的系统控制过程如图5.1所示；也是一个由对投入原材料的质量控制开始，直到完成工程质量检验为止的全过程的系统过程如图5.2所示。

为了加强项目的质量管理，明确整个质量管理过程中的重点所在，可将建设工程项目质量管理的过程分为三个阶段，即：事前控制、事中控制和事后控制，如图5.3所示。

1. **事前控制**

施工前准备阶段的质量控制，是指在各工程对象正式施工活动前，对各项准备工作及影响质量的各因素和有关方面进行的质量控制，也就是对投入工程项目的资源和条件的控制。

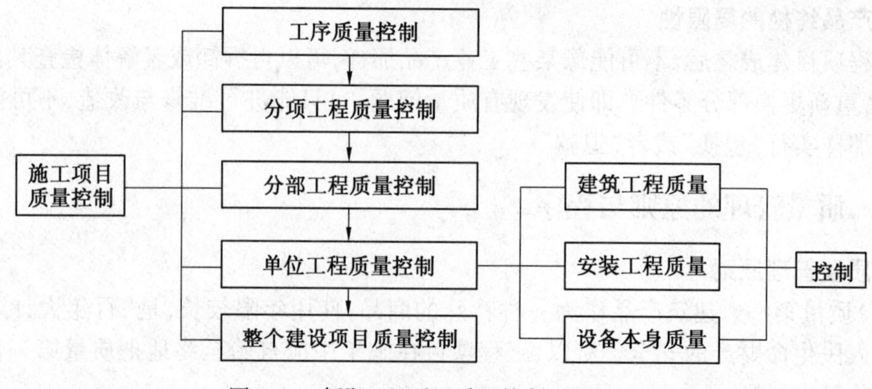

图 5.1　建设工程项目质量控制过程(一)

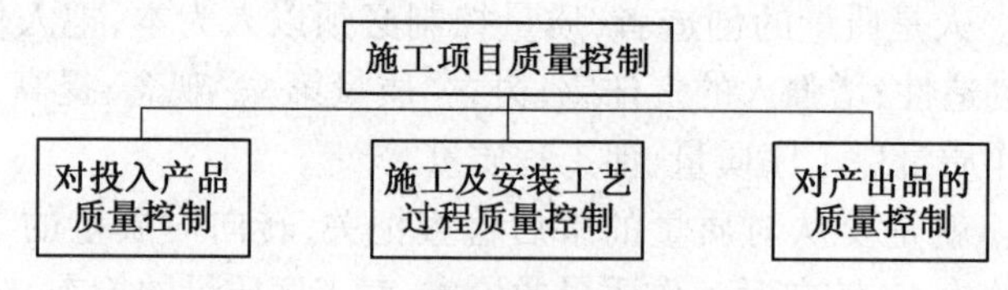

图 5.2　建设工程项目质量控制过程(二)

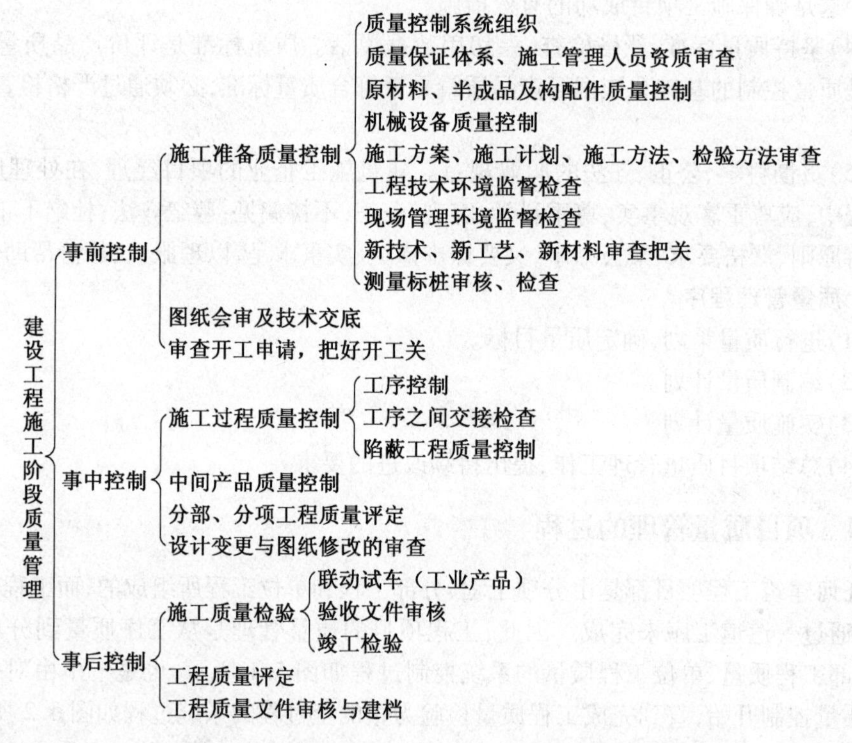

图 5.3　建设工程施工阶段质量管理的阶段

质量事前控制有以下几方面的要求：

(1)施工技术准备工作的质量控制。

1)组织施工图纸审核及技术交底。

①应要求勘察设计单位按国家现行的有关规定、标准和合同规定，建立健全质量保证

体系,完成符合质量要求的勘察设计工作。

②在图纸审核中,审核图纸资料是否齐全,标准尺寸有无矛盾及错误,供图计划是否满足组织施工的要求及所采取的保证措施是否得当。

③设计采用的有关数据及资料是否与施工条件相适应,能否保证施工质量和施工安全。

④对施工中具体的技术要求及应达到的质量标准进一步明确。

2)核实资料。核实和补充对现场调查及收集的技术资料,应确保可靠性、准确性和完整程度。

3)审查施工组织设计或施工方案。应重点审查:施工方法与机械选择、施工顺序、进度安排及平面布置等是否能保证组织连续施工;所采取的质量保证措施。

4)建立试验设施。建立保证工程质量的必要试验设施。

(2)现场准备工作的质量控制。

1)检查场地平整度和压实程度是否满足施工质量要求。

2)测量数据及水准点的埋设是否满足施工要求。

3)检查施工道路的布置及路况质量是否满足运输要求。

4)检查水、电、热及通信等的供应质量是否满足施工要求。

(3)材料设备供应工作的质量控制。

1)检查材料设备供应程序与供应方式是否能保证施工顺利进行。

2)检查所供应的材料设备的质量是否符合国家有关法规、标准及合同规定的质量要求。设备应具有产品详细说明书及附图;进场的材料应检查验收,验规格、验数量、验品种、验质量,做到合格证、化验单与材料实际质量相符。

2. 事中控制

对施工过程中进行的所有与施工有关方面的质量控制,也包括对施工过程中的中间产品(工序产品或分部、分项工程产品)的质量控制。

事中控制的策略是:全面控制施工过程,重点控制工序质量。其具体措施是:工序交接有检查;质量预控有对策;施工项目有方案;技术措施有交底,图纸会审有记录;配制材料有试验;隐蔽工程有验收;计量器具校正有复核;设计变更有手续;钢筋代换有制度;质量处理有复查;成品保护有措施;行使质控有否决;质量文件有档案(凡是与质量有关的技术文件,如水准、坐标位置,测量、放线记录,沉降、变形观测记录,图纸会审记录,材料合格证明、试验报告,施工记录,隐蔽工程记录,设计变更记录,调试、试压运行记录,试车运转记录,竣工图等都要编目建档)。

3. 事后控制

事后控制是指对通过施工过程所完成的具有独立功能和使用价值的最终产品(单位工程或整个建设项目)及其有关方面(例如质量文档)的质量进行控制。其具体工作内容如下:

(1)组织联动试车。

(2)准备竣工验收资料,组织自检和初步验收。

(3)按规定的质量评定标准和办法,对完成的分项、分部工程,单位工程进行质量评定。

(4)组织竣工验收,其标准如下:

1)按设计文件规定的内容和合同规定的内容完成施工,质量达到国家质量标准,能满足生产和使用的要求。

2)主要生产工艺设备已安装配套,联动负荷试车合格,形成设计生产能力。

3)交工验收的建筑物要窗明、地净、水通、灯亮、气来、采暖通风设备运转正常。

4)交工验收的工程内净外洁,施工中的残余物料运离现场,灰坑填平,临时建(构)筑物拆除,2 m以内地坪整洁。

5)技术档案资料齐全。

5.2 质量管理体系的建立与运行

5.2.1 质量管理体系的概念

质量管理体系,是指“在质量方面指挥和控制组织的管理体系”。体系是指“相互关联或相互作用的一组要素”。其中的要素指构成体系的基本单元或可理解为组成体系的基本过程。管理体系是指“建立方针和目标并实现这些目标的体系”。

(1)质量管理体系和其他管理体系要求的相容性可体现在以下主要方面:

1)管理体系的运行模式都以过程为基础,用“PDCA”循环的方法进行持续改进。

2)都是从设定目标,系统地识别、评价、控制、监视和测量并管理一个由相互关联的过程组成的体系,并使之能够协调地运行,这一系统的管理思想也是一致的。

3)管理体系标准要求建立的形成文件的程序,如文件控制、记录控制、内审、不合格(不符合)控制、纠正措施和预防措施等,在管理要求和方法上都是相似的,因此质量管理体系标准要求制定并保持的形成文件的程序,其他管理体系可以共享。

4)质量管理体系要求标准中强调了法律法规的重要性,在环境管理和在职业、卫生与安全管理体系等标准中同样强调了适用的法律法规要求。

(2)质量管理体系和环境管理体系的相容、协调主要体现在以下方面:

1)两者都具有共同的概念和词汇运用一致的术语。例如:在质量管理体系要求标准中所用“内部审核”、“记录控制”、“文件控制”等通用性的词汇,既适用于质量管理体系,也适用于环境管理体系。

2)两者的基本思想和方法一致。着眼于持续改进和预防为主的思想,控制因素不是末端治理;强调最高管理者的承诺,建立方针、目标;强调员工意识和能力以及全员参与等。

3)两者建立管理体系的原理一致。系统化、程序化的管理、必要的文件支持、系统的管理过程、体系文件、工作程序、文件控制、记录等。

4)两者与其他管理体系协调运作。管理体系纳入组织管理活动的整体,提高整个组织的效率,节约资源,资源共享等。

5)两者管理体系运行的模式一致。两个管理体系标准都遵循“PDCA”螺旋式上升的运行模式,通过内部审核和管理评审使组织的体系在自身的运行中不断地自我完善。

5.2.2 质量管理体系的原理

1.质量体系说明

质量管理体系能够帮助组织增进顾客满意。

顾客要求产品具有满足其需求和期望的特性,这些需求和期望在产品规范中表述,并集中归结为顾客要求。顾客要求可以由顾客以合同方式规定或由组织自己确定,在任一情况下,顾客最终确定产品的可接受性。因为顾客的需求和期望是不断变化的,这就促使组织持续地改进其产品和过程。

质量管理体系方法鼓励组织分析顾客要求,规定相关的过程,并使其持续受控,以实现顾客能接受的产品。质量管理体系能提供持续改进的框架,以增加使顾客和其他相关方满意的可能性。质量管理体系还就组织能够提供持续满足要求的产品,向组织及其顾客提供信任。

2.质量管理体系要求与产品要求

质量管理体系要求是通用的,适用于所有行业或经济领域,不论其提供何种类别的产品。产品要求可由顾客规定,或由组织通过预测顾客的要求规定,或由法规规定。在某些情况下,产品要求和有关过程的要求可包含在诸如技术规范、产品标准、过程标准、合同协议和法规要求中。

3.质量管理体系方法

建立和实施质量管理体系的方法包括以下步骤:

(1)确定顾客和其他相关方的需求和期望。

(2)建立组织的质量方针和质量目标。

(3)确定实现质量目标必需的过程和职责。

(4)确定和提供实现质量目标必需的资源。

(5)规定测量每个过程的有效性和效率的方法。

(6)应用这些测量方法确定每个过程的有效性和效率。

(7)确定防止不合格并消除产生原因的措施。

(8)建立和应用持续改进质量管理体系的过程。

上述方法也适用于保持和改进现有的质量管理体系。

4.过程方法

任何使用资源将输入转化为输出的活动或一组活动可视为过程。为使组织有效运行,必须识别和管理许多相互关联和相互作用的过程。通常,一个过程的输出将直接成为下一个过程的输入。系统的识别和管理组织所使用的过程,特别是这些过程之间的相互作用,称为“过程方法”。

图5.4为以过程为基础的质量管理体系模式。

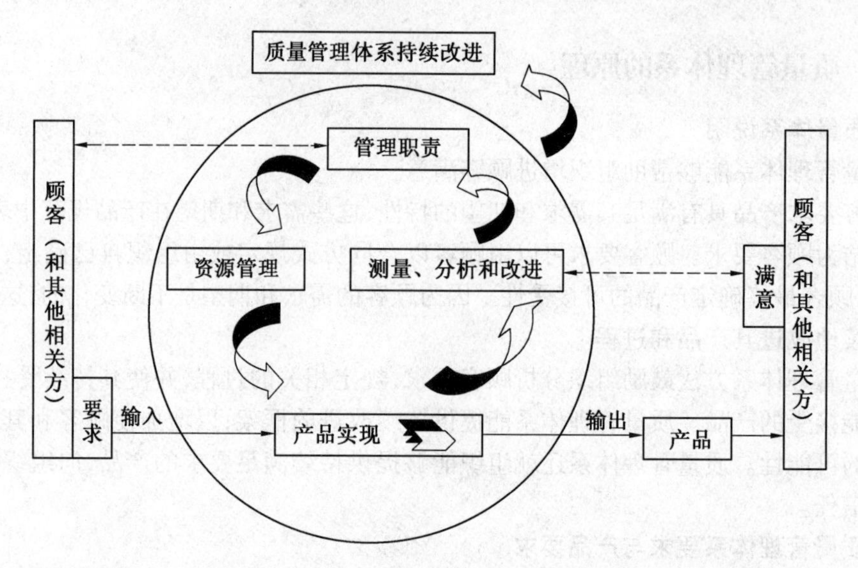

图5.4 以过程为基础的质量管理体系模式

5. 建立质量方针和质量目标的目的和意义

建立质量方针和质量目标为组织提供了关注的焦点。两者确定了预期的结果，并帮助组织利用其资源达到这些结果。质量方针为建立和评审质量目标提供了框架。质量目标需要与质量方针和持续改进的承诺相一致，并是可测量的。质量目标的实现对产品质量、作业有效性和财务业绩都有积极的影响，因此对相关方的满意和信任也产生积极影响。

6. 最高管理者在质量管理体系中的作用

最高管理者通过其领导活动可以创造一个员工充分参与的环境，质量管理体系能够在这种环境中有效运行。基于质量管理原则，最高管理者可发挥以下作用：

(1)制定并保持组织的质量方针和质量目标。

(2)在整个组织内促进质量方针和质量目标的实现，以增强员工的意识、积极性和参与程度。

(3)确保整个组织关注顾客要求。

(4)确保实施适宜的过程以满足顾客和其他相关方要求并实现质量目标。

(5)确保建立、实施和保持一个有效的质量管理体系以实现这些质量目标。

(6)确保获得必要资源。

(7)定期评价质量管理体系。

(8)决定有关质量方针和质量目标的活动。

(9)决定质量管理体系的改进活动。

7. 文件

(1)文件的价值。文件能够沟通意图、统一行动，它的作用如下：

1)符合顾客要求和质量改进。

2)提供适宜的培训。

3)重复性和可追溯性。

4)提供客观证据。

5)评价质量管理体系的持续适宜性和有效性。

文件的形成本身并不是很重要,它应是一项增值的活动。

(2)质量管理体系中使用的文件类型。

1)向组织内部和外部提供关于质量管理体系的一致信息的文件,这类文件被称为质量手册。

2)表述质量管理体系如何应用于特定产品、项目或合同的文件,这类文件被称为质量计划。

3)阐明要求的文件,这类文件被称为规范。

4)阐明推荐的方法或建议的文件,这类文件被称为指南。

5)提供如何一致地完成活动和过程的信息的文件,这类文件包括形成文件的程序、作业指导书和图样。

6)对所完成的活动或达到的结果提供客观证据的文件,这类文件被称为记录。

每个组织确定其所需文件的详略程度和所使用的媒体,这取决于下列因素:组织的类型和规模、过程的复杂性和相互作用、产品的复杂性、顾客要求、适用的法规要求、经证实的人员能力以及满足质量管理体系要求所需证实的程度。

8. 质量管理体系评价

(1)质量管理体系过程的评价。当评价质量管理体系时,对每一个被评价的过程,应注意如下四个基本问题。

1)过程是否予以识别和适当确定。

2)职责是否予以分配。

3)程序是否被实施和保持。

4)在实现所要求的结果方面,过程是否有效。

综合上述问题可以确定评价结果。质量管理体系评价在涉及的范围上可以有所不同,并可包括很多活动,如质量管理体系审核和质量管理体系评审以及自我评定。

(2)质量管理体系审核。审核用于确定符合质量管理体系要求的程度。审核发现用于评价质量管理体系的有效性和识别改进的机会。

第一方审核用于内部目的,由组织自己或以组织的名义进行,可作为组织自我合格声明的基础。

第二方审核由组织的顾客或由其他人以顾客的名义进行。

第三方审核由外部独立的审核服务组织进行。这类组织通常是经认可的,提供符合要求的认证或注册。

(3)质量管理体系评审。最高管理者的一项任务是对质量管理体系关于质量方针和质量目标的适宜性、充分性、有效性和效率进行定期的、系统的评价。这种评审可包括考虑修改质量方针和目标的需求以响应相关方需求和期望的变化。评审包括确定采取措施的需求。

审核报告与其他信息源共同用于质量管理体系的评审。

(4)自我评定。组织的自我评定是一种参照质量管理体系或优秀模式对组织的活动和结果所进行的全面和系统的评审。

自我评定可提供一种对组织业绩和质量管理体系的成熟程度总的看法,它还能有助于识别组织中需要改进的领域并确定优先开展的事项。

9. 持续改进

持续改进质量管理体系的目的在于增加顾客和其他相关方满意的可能性。

改进包括下述活动:

(1)分析和评价现状,以识别改进范围。

(2)设定改进目标。

(3)寻找可能的解决办法以实现这些目标。

(4)评价这些解决办法并作出选择。

(5)实施选定的解决办法。

(6)测量、验证、分析和评价实施的结果以确定这些目标已经满足。

(7)将更改纳入文件。

必要时,对结果进行评审,以确定进一步改进的机会。从这种意义上说,改进是一种持续的活动。顾客和其他相关方的反馈,质量管理体系的审核和评审也能用于识别改进的机会。

10. 统计技术的作用

使用统计技术可帮助组织了解变异,从而有助于组织解决问题并提高有效性和效率。这些技术也有助于更好地利用可获得的数据进行决策。

在许多活动的状态和结果中,甚至是在明显的稳定条件下,均可观察到变异。

这种变异可通过产品和过程的可测量特性观察到,并且在产品的整个寿命期(从市场调研到顾客服务和最终处置)的各个阶段,均可看到其存在。

统计技术可帮助测量、表述、分析、说明这类变异并将其建立模型,甚至在数据相对有限的情况下也可实现。这种数据的统计分析能对更好地理解变异的性质、程度和原因提供帮助,从而有助于解决,甚至防止由变异引起的问题,并促进持续改进。

11. 质量管理体系与其他管理体系的关注点

质量管理体系是组织管理体系的一部分,它致力于使与质量目标有关的输出(结果)适当地满足相关方的需求、期望和要求。组织的质量目标与其他目标,如与增长、资金、利润、环境及职业健康与安全有关的目标相辅相成。一个组织的管理体系的某些部分,可以由质量管理体系相应部分的通用要素构成,从而形成单独的管理体系。这将有利策划、资源配置、确定互补的目标并评价组织的总体有效性。

12. 质量管理体系与优秀模式之间的关系

质量管理体系方法和组织优秀模式方法是依据共同的原则,它们两者的共同点如下:

(1)使组织能够识别它的强项和弱项。

(2)包含对照通用模式进行评价的规定。

(3)为持续改进提供基础。

(4)包含外部承认的规定。

5.2.3　质量管理体系文件的构成

1. 质量管理体系文件的构成

企业应具有完整和科学的质量体系文件,它是企业开展质量管理和质量保证的基础,也是企业为达到所要求的产品质量,实施质量体系审核、质量体系认证、进行质量改进必不可少的依据。质量管理体系文件的详略程度没有统一规定,但是要以适合本企业使用,使过程受控为准则。

质量管理体系的文件一般由以下内容构成,如图5.5所示:

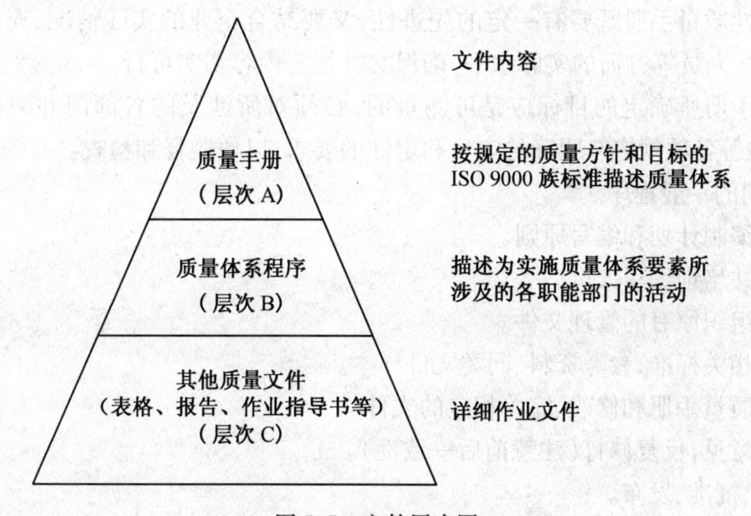

图5.5　文件层次图

(1)质量手册(回答为什么做)。

(2)程序文件(回答谁来做、做什么、何时、何地做)。

(3)质量计划(回答怎么做)。

(4)质量记录(提供证据)。

2. 质量手册

(1)质量手册的内容。质量手册是阐明一个企业的质量政策、质量体系和质量实践的文件,是质量文件中的主要文件,是实施和保持质量体系过程中长期遵循的纲领性文件。

质量手册的内容如下:

1)企业的质量方针、质量目标。

2)组织机构和质量职责。

3)各项质量活动的基本控制程序或体系要素。

4)质量评审、修改和控制的管理办法。

(2)编制质量手册的基本要求。

1)符合性质量手册必须符合质量方针和目标,符合有关质量工作的各项法规、法律、条令、标准的规定。

2)确定性质量手册应能对所有影响质量的活动进行控制,重视并采取预防性措施以避免问题的发生,同时还要具备对发现的问题能作出反应并加以纠正的能力。

3)系统性质量体系文件应反映一个组织的系统特性,应对产品质量形成全过程中各阶段影响质量技术管理人员等因素,进行控制,作出系统规定,做到层次清楚、结构合理、内容得当。

4)协调性质量手册所阐述的内容要与企业的管理标准、规章制度保持协调一致,使企业各部门对有关的质量工作有一个统一的认识,使各项质量活动的责任能真正落到实处。

5)可行性质量手册既要有一定的先进性,又要结合企业的实际情况,充分考虑企业在管理、技术、人员等方面的实际水平,确保文件规定内容切实可行。

6)质量手册所确定的目标应是可测量的,必须对所涉及的各部门和岗位的质量职责、质量活动等各项规定有明确的定量和定性的要求,以便监督和检查。

(3)编制的一般程序。

1)拟定编制计划和编写原则。

2)选择并培训编写人员。

3)收集组织原有的管理文件。

4)收集相关标准、参考资料、同类文件样本。

5)编写质量手册和修改、完善相应的文件。

6)征求意见,反复修订(注意前后一致性)。

7)评审、批准、发布。

3. 程序文件

质量体系程序文件是质量手册的支持性文件,企业为落实质量管理工作而建立的各项管理标准、规章制度。各企业程序内容及详略不作统一规定,可视企业的具体需要而制定。

4. 质量计划

为确保过程的有效运行和控制,在程序文件的指导下,针对特定的产品、过程、合同或项目,规定专门的质量措施和活动顺序的文件。质量手册和质量管理体系程序所规定的是通用的要求和方法,适用于所有的产品。而质量计划是针对于某产品、项目或合同的特定要求编制的质量控制方案,它与质量手册、质量管理体系程序一起使用。顾客可以通过质量计划来评定组织是否能履行合同规定的质量要求。质量计划中应包括以下内容:

(1)应达到的质量目标。

(2)该项目各阶段的责任和权限。

(3)应采用的特定程序、方法、作业指导书。

(4)有关阶段的实验、检验和审核大纲。

(5)随项目的进展而修改和完善质量计划的方法。

(6)为达到质量目标必须采取的其他措施。

5.质量记录

质量记录是证明各阶段产品质量达到要求和质量体系运行有效性的证据。是产品质量水平和质量体系中各项质量活动进行及结果的客观反映。对质量体系程序文件所规定的运行过程及控制测量检查的内容如实加以记录,用以证明产品质量对合同中提出的质量保证的满足程度,验证质量体系的有效运行。质量记录包括设计、检验、调研、审核、评审的质量记录。

如果在控制体系中出偏差,则质量记录不仅需反映偏差情况,而且应反映出针对不足之处采取的纠正措施以及纠正效果。

质量记录应完整地反映质量活动实施、验证和评审的情况,并记载关键活动的过程参数,一旦发生问题,应能通过记录,找出原因并有针对性地采取有效措施。

5.2.4 质量管理体系的建立和运行

质量管理体系是建立质量方针和质量目标并实现这些目标的体系。建立完善的质量体系并使之有效运行,是一个组织质量管理的核心,也是贯彻质量管理和质量保证标准的关键。质量体系的建立和实施可分为三大阶段,即质量管理体系的确立、质量管理体系文件的编制、质量管理体系的实施运行。

1.质量管理体系的确立

这一阶段是建立质量体系的准备阶段,主要任务是做好各项准备工作。

(1)企业领导层要统一思想认识。质量管理原则之一就是领导作用,企业最高管理者在决策和领导一个组织过程中起着关键的作用。建立健全质量体系必须得到企业领导的重视并亲自参与。因此,领导要自觉认真学习 ISO 9000 族标准,统一思想认识,明确建立和完善质量体系的重要性。

(2)培训骨干,组织骨干队伍。教育培训是建立和完善质量体系的重要环节,通过学习培训,可提高全体职工的质量意识,明确建立和实施质量体系的重要意义,自觉执行标准,为质量体系的有效运行做好准备。培训对象应是全体职工。对各层人员应分别进行培训。

1)领导层的培训。领导层应了解自己在质量管理体系中的作用,增强质量意识,转变观念,通过培训掌握标准的内容,并作出正确的、具有可操作性的决策。

2)管理层的培训。技术、管理和生产部门的负责人,以及与建立质量体系有关的工作人员,是建立和完善质量体系的骨干力量,应重点进行培训,使其全面了解和掌握标准的内容,了解建立质量体系的必要性和重要意义,把标准的要求与企业实际情况相结合,为编制适合本企业的质量体系文件奠定基础。

3)执行层的培训。这部分人员与产品质量形成全过程有关,是质量体系文件的主要执行者,在了解 ISO 9000 族标准的基本知识及贯彻 ISO 9000 族标准的目的、意义、作用的基础上,学习与本岗位质量活动有关的内容。

(3)组织落实,成立贯标小组。为贯彻 ISO 9000 族标准,达到预期的效果,企业应做全面规划，并拟定切实可行的工作计划，使其有组织、有计划、有步骤地进行。

(4)制定质量方针，确立质量目标。质量方针是企业总的质量宗旨和方向，它反映了企业在质量方面的追求和对顾客的承诺，是企业开展质量工作的指导思想和全体职工行为的准则。质量方针应体现企业的特色，应与企业的总方针相协调并结合企业的特点和市场的实际需求。企业根据质量方针，制定相关的质量目标。

1)调查现状，找出薄弱环节。在思想认识统一后，查清现有质量体系与标准规定的体系要素要求的差别，对企业建立质量体系的各种条件、生产状况、存在的薄弱环节等做认真的调查和分析，尽可能收集充分的资料，为体系的建立提供充分的参考依据。

2)确定组织结构、职责、权限和资源配置。由于多数企业的机构是根据历史现状设置相应的职能部门的，与建立质量体系要素的要求不完全符合。所以在对现行组织机构、质量管理体系和质量活动等要素分析的基础上，调整组织结构，将活动中相应的工作职责和权限及时分配到各职能部门。明确各部门接口的衔接性，规定各部门应开展的各项质量活动。

2.质量管理体系文件的编制

质量体系文件是质量管理体系的重要组成部分，也是企业进行质量管理和质量保证的基础。编制质量体系文件是企业根据ISO 9000族标准，建立和保持质量体系有效运行的重要基础工作。企业为达到所要求的产品质量，进行质量体系审核、质量体系认证及质量改进都必须以质量体系文件为依据。

(1)质量手册。向组织内部或外部提供关于质量体系一致信息的文件。质量手册应说明质量管理体系包括哪些过程和要素，每个过程和要素应开展哪些控制活动，每个活动控制到什么程度，能提供什么样的质量保证等，都应作出明确的描述。

(2)质量计划表明质量管理体系如何应用于特定的项目、产品、过程或合同。

(3)质量体系程序。提供如何完成活动的一致信息。每个质量管理程序都应视需要明确何时、何地、何人、做什么、为什么、怎么做等问题。

(4)详细作业文件。为某项工作的具体操作提供指导。

(5)质量记录对所完成的活动或达到的结果提供客观的证据。

3.质量管理体系的实施运行

保持质量管理体系的正常运行和持续实用有效，是企业质量管理的一项重要任务，是质量管理体系发挥实际效能、实现质量目标的主要阶段。

质量管理体系的运行是执行质量管理体系文件、实现质量目标、保持质量管理体系持续有效和不断优化的过程。

质量管理体系的有效运行是依靠体系的组织机构进行组织协调、实施质量监督、开展信息反馈、进行质量管理体系审核和复审实现的。

(1)组织协调。质量管理体系是人选的软件体系，它的运行是借助于质量管理体系组织结构的组织和协调来进行运行的。组织和协调工作是维护质量管理体系运行的动力。质量管理体系的运行涉及企业众多部门的活动。

(2)质量监督。质量管理体系在运行过程中，各项活动及其结果不可避免地会有发生偏离标准的可能。为此,必须实施质量监督。

质量监督有企业内部监督和外部监督两种,需方或第三方对企业进行的监督是外部质量监督。需方的监督权是在合同环境下进行的。

质量监督是符合性监督。质量监督的任务是对工程实体进行连续性的监视和验证。发现偏离管理标准和技术标准的情况时及时反馈,要求企业采取纠正措施,严重者责令停工整顿。从而促使企业的质量活动和工程实体质量均符合标准所规定的要求。

实施质量监督是保证质量管理体系正常运行的手段。外部质量监督应与企业本身的质量监督考核工作相结合,杜绝重大质量的发生,促进企业各部门认真贯彻各项规定。

(3)质量信息管理。企业的组织机构是企业质量管理体系的骨架,而企业的质量信息系统则是质量管理体系的神经系统,是保证质量管理体系正常运行的重要系统。在质量管理体系的运行中,通过质量信息反馈系统对异常信息的反馈和处理,进行动态控制,从而使各项质量活动和工程实体质量保持受控状态。

质量信息管理和质量监督、组织协调工作是密切联系在一起的。异常信息一般来自质量监督,异常信息的处理要依靠组织协调工作,三者的有机结合,是使质量管理体系有效运行的保证。

(4)质量管理体系审核与评审。企业进行定期的质量管理体系审核与评审,一是对体系要素进行审核、评价,确定其有效性;二是对运行中出现的问题采取纠正措施,对体系的运行进行管理,保持体系的有效性;三是评价质量管理体系对环境的适应性,对体系结构中不适用的采取改进措施。开展质量管理体系审核和评审是保持质量管理体系持续有效运行的主要手段。

5.2.5 质量管理体系的持续改进

事物是在不断发展的,都会经历一个由不完善到完善直至更新的过程,顾客的要求在不断变化,为了适应变化着的环境,组织需要进行一种持续的改进活动,以增强满足要求的能力。其目的就在于增强顾客和其他相关方满意的机会,实现组织所设定的质量方针和质量目标。持续改进的最终目的是提高组织的有效性和效率,它包括了围绕改善产品的特征及特性,提高过程的有效性和效率所开展的所有活动。这种不断循环的活动就是持续改进,它是组织的一个永恒的主题。

1. 持续改进的活动

为了促进质量管理体系有效性的持续改进,按ISO9001:2000标准的要求,组织应考虑下列活动:

(1)通过质量方针和质量目标的建立,并在相关职能和层次中展开,营造一个激励改进的氛围和环境。

(2)通过对顾客满意程度、产品要求符合性以及过程、产品的特性等测量数据,来分析其趋势、分析和评价现状。

(3)利用审核结果进行内部质量管理体系审核,不断发现组织质量管理体系中的薄弱环节,确定改进的目标。

(4)进行管理评审,对组织质量管理体系的适宜性、充分性和有效性进行评价,作出改进产品、过程和质量管理体系的决策,寻找解决办法,以实现这些目标。

(5)采取纠正和预防的措施,避免不合格的再次发生或潜在不合格的发生。

因此,组织应当建立识别和管理改进活动的过程,这些改进可能导致组织对产品或过程的更改,直至对质量管理体系进行修正或对组织进行调整。

2. 持续改进的方法

为了进行持续改进,可采用"PDCA"循环的模式方法,即:

(1)P—策划。根据顾客的要求和组织的方针,分析和评价现状,确定改进目标,寻找解决办法并评价这些解决办法,最后作出选择。

(2)D—实施。实施选定的解决办法。

(3)C—检查。检查根据方针、目标和产品要求,对过程、产品和质量管理体系进行测量、验证、分析和评价实施结果,以确定这些目标是否已经实现。

(4)A—处置。采取措施,正式采纳更改,持续改进过程业绩。

3. 持续改进活动的两个基本途径

(1)渐进式的日常持续改进,管理者应营造一种文化,使全体员工都能积极参与、识别改进机会,它可以对现有过程作出修改和改进,或实施新过程;它通常由日常运作之外的跨职能小组来实施;由组织内人员对现有过程进行渐进的过程改进,例如QC小组活动等。

(2)突破性项目应通常针对现有过程的再设计来确定。它应该包括以下阶段:

1)确定目标和改进项目的总体框架。

2)分析现有的"过程"并认清变更的机会。

3)确定和策划过程改进。

4)实施改进。

5)对过程的改进进行验证和确认。

6)对已完成的改进作出评价,包括吸取教训。

5.2.6 质量管理体系的审核

1. 质量审核

审核,是"为了确保主题事项的适宜性、充分性、有效性和效率,以达到规定的目标所进行的活动"。质量审核是确定质量活动和有关结果是否符合计划的安排,以及这些安排是否有效地实施并适合于达到预定目标的、有系统的、独立的检查。

对质量审核的定义说明如下:

(1)质量审核一般用于(但不限于)对质量管理体系或其要素、过程、产品或服务的审核。

当用于对上述这些对象的审核时,通常称之为"质量管理体系审核"、"过程质量审核"、"产品质量审核"和"服务质量审核"。

(2)质量审核是有系统的审查活动。"有系统的"是指审核不仅包括事先要制定详细的审核计划、有明确的审核大纲,而且包括审核计划和大纲是否得到了有效贯彻并达到了规定的目标。

(3)质量审核是独立的审查活动。审核工作应由与被审范围无直接责任的人员进行,它们只对其委托机构负责,不受其他方面的干扰,独立地开展质量审核工作,但为了审核工作的顺利进行,最好能得到有关人员的配合。

(4)质量审核的一个目的是评价是否需要采取改进或纠正措施。质量审核不能和旨在解决过程控制或产品验收的"质量监督"或"检验"相混淆。质量监督是为确保满足特定的质量要求,针对程序、方法、条件、过程、产品、服务或有关记录与分析所进行的连续的监视和核实。其目的只是为了生产过程中控制或接收产品。

(5)质量审核可以是为内部或外部的目的而进行。

2. 质量管理体系审核

质量管理体系审核是质量审核的一种形式,是由具备一定资格且与被审核部门的工作无直接责任的人员来实施,是为确认质量管理体系各要素的实施效果是否达到了规定的质量目标所做的系统而独立的检查和评定。质量管理体系审核的目的,是向组织的领导者提供各体系要素是否有效实施的证据,以便根据审核结果找出存在的问题,采取纠正措施,进一步完善质量管理体系。它也是促进各职能部门更有效地开展质量工作的重要手段。

为搞好质量管理体系的审核工作,应制定严格的审核大纲并贯彻实施;应明确审核范围、确定重点审核范围和区域;应制定审核计划并按计划实施审核。审核完成后,还应按规定的格式撰写审核报告并跟踪受审方的纠正和预防措施。

(1)审核大纲。它是对审核活动的总体规划,是明确审核活动如何开展和如何进行有效控制的文件。在编制审核大纲时,要根据每一项质量活动的实际情况及其重要性,对审核内容、顺序、时间、进度和频次等作出合理的统筹安排,并对薄弱环节重点审核。审核大纲应规定:

1)具体受审核活动及范围的策划和进度安排。

2)指定具有适当资格的人员实施审核,以确保审核的工作的质量。

3)实施审核时应执行的书面程序,包括应做的记录和报告审核结果,对审核中发现的不合格或缺陷采取及时的纠正措施的有关规定。

(2)审核范围。质量管理体系的审核范围覆盖质量管理体系的全部要素。通常,体系的某些要素会比另一些要素更经常地受到审核。例如,下面的一些具体的范围和区域在审核中常受到更多的重视:

1)组织机构。

2)管理、运作和质量管理体系程序。

3)人员素质、设备和材料。

4)工作区域、作业和过程。

5)在制品和成品(确定其符合标准和规范的程度)。

6)文件、报告和记录。

(3)审核计划。指导审核工作有效进行的关键文件,一切审核活动均应按事先安排好的计划进行。审核计划应对审核的目的、范围、依据、审核组成人员、适用文件、计划安排、审核程序等作出详细说明。

(4)审核报告。将审核结果正式通知受审方和委托方的文件。审核报告应如实反映审核内容和实际情况。在编制审核报告时,应注意审核报告的准确性和完整性。

(5)跟踪措施。对受审方的纠正和预防措施进行评审、验证和判断,并对验证情况进行记录的有关规定。通过跟踪可促使受审方针对实际或潜在的不合格或缺陷采取有效的纠正和预防措施。同时,通过对受审方的纠正和预防措施的评审,可验证纠正和预防措施的有效性,使受审方建立起防止不合格再发生的有效机制。

(6)任何组织所生产的任何产品,在质量形成过程中,难免会出现不格问题,这是正常的。一个比较健全的质量管理体系应该能从审核、过程、不合格报告、管理评审、市场反馈和顾客投诉中发现质量问题,找出原因,采取纠正措施。纠正措施始于对质量问题的识别,并包括针对排除问题再发生的可能性,或把问题再发生的可能性减少到最低限度,消除产生不合格的原因而采取的措施。

5.2.7　质量管理体系认证

质量管理体系认证是由具有第三方公正地位的认证机构,依据质量管理体系的要求标准,审核企业质量管理体系要求的符合性和实施的有效性,进行独立、客观、科学、公正的评价,得出结论。如果通过,则颁发认证证书和认证标志,但认证标志不能用于具体的产品上。获得质量管理体系认证资格的企业可以再申请特定产品的认证。

质量管理体系认证过程总体上可分为四个阶段,具体内容如下:

1. 认证申请

组织向其自愿选择的某个体系认证机构提出申请,并按该机构要求提交申请文件,包括企业质量手册等。体系认证机构根据企业提交的申请文件,决定是否受理申请,并通知企业。按惯例,机构不能无故拒绝企业的申请。

2. 体系审核

体系认证机构指派数名国家注册审核人员实施审核工作,包括审查企业的质量手册,到企业现场查证实际执行情况,并提交审核报告。

3. 审批与注册发证

体系认证机构根据审核报告,经审查决定是否批准认证。对批准认证的企业颁发体系认证证书,并将企业的有关情况注册公布,准予企业以一定方式使用体系认证标志。证书有效期通常为3年。

4. 监督

在证书有效期内,体系认证机构每年对企业进行至少一次的监督与检查,查证企业有关质量管理体系的保持情况。一旦发现企业有违反有关规定的事实证据,即对该企业采取措施,暂停或撤销该企业的体系认证。

获准认证后的质量管理体系,维持与监督管理内容包括以下几个方面:

(1)企业通报。认证合格的企业质量体系在运行中出现较大变化时,需向认证机构通报,认证机构接到通报后,视情况采取必要的监督检查措施。

(2)监督检查。指认证机构对认证合格单位质量维持的情况进行监督性现场检查,包括定期和不定期的监督检查。定期检查通常是每年一次,不定期检查是需要临时安排。

(3)认证注销。注销是企业的自愿行为。在企业体系发生变化或证书有效期届满时未提出重新申请等情况下,认证持证者提出注销的,认证机构予以注销,并收回体系认证证书。

(4)认证暂停。是认证机构对获证企业质量体系发生不符合认证要求情况时采取的警告措施。认证暂停期间企业不得用体系认证证书做宣传。企业在其采取纠正措施满足规定条件后,认证机构撤销认证暂停。否则将撤销认证注册,收回合格证书。

(5)认证撤销。当获证企业发生下列情况时,认证机构应做出撤销认证的决定:

1)质量体系存在严重不符合规定的。

2)在认证暂停的规定期限内未予整改的。

3)发生其他构成撤销体系认证资格的。

若企业不服可提出申诉。撤销认证的企业一年后可重新提出认证申请。

(6)复评。认证合格有效期满前,如企业愿继续延长,可向认证机构提出复评申请。

(7)重新换证。在认证证书有效期内,出现体系认证标准变更、体系认证范围变更、体系认证证书持有者变更,可按规定重新更换。

5.3 设计阶段质量控制

5.3.1 设计阶段质量控制的主要任务

设计阶段质量控制的主要任务,就是要对设计过程的目标进行有效控制,为此,业主提出的总投资、总进度和质量目标进行充分论证的前提下,应根据总目标的要求编制项目的投资计划、设计阶段资金使用计划、进度计划;拟定规划设计大纲,明确设计的质量标准。

5.3.2 工程项目设计质量控制的方法

1.设计工序控制内容

根据工程设计开展的先后顺序,在设计准备和正式设计阶段,监理工程师对设计工序进行控制。

(1)收集和熟悉资料,包括以下内容:

1)已批准的,“项目建议书”、“可行性研究报告”、选址报告、城市规划部门的批文、土地使用要求、环保要求;

2)工程地质和水文地质勘察报告、区域图、地形图;

3)动力、资源、设备、气象、人防、消防、地震烈度、交通运输、生产工艺、基础设施等资料;

4)有关设计规范、标准和技术经济指标等。

(2)分析、研究可行性论证报告和有关批文、资料;对项目总目标系统进行论证;编制设计准备阶段的投资、进度计划。

(3)根据建设项目总目标的要求,编制设计大纲方案竞赛文件;组织设计招标或方案竞赛;评定设计方案。

(4)提供设计所需基础资料,协调、落实外部有关条件,如水、电、气、热、通信、运输、消防、人防、环保等。

(5)参与主要设备、材料的选型;对设计工作进行协调、控制,保证各专业设计之间能互相配合、衔接,及时消除质量隐患;检查控制设计进度,按期完成设计任务。

(6)组织对设计的评审或咨询,审查设计方案、图纸、概预算和主要设备材料清单,保证各部分设计符合质量目标的要求,符合有关技术法规和技术标准的规定;保证有关设计文件、图纸符合现场和施工的实际条件,其深度应能满足施工的要求;保证工程造价符合投资限额。

(7)组织设计文件和图纸的报批、验收、分发、保管、使用和建档工作。

(8)组织设计交底与图纸会审;处理设计变更和设计事故。

2. 设计质量控制的方法

(1)设计准备阶段质量控制方法。

1)收集和熟悉项目原始资料,充分领会建设意图。首先要核查已批准的“项目建议书”、“可行性研究报告”、选址报告、城市规划部门的批文、土地使用要求、环境要求;工程地质和水文地质勘察报告、区域图、地形图;动力、资源、设备、气象、人防、消防、地震烈度、交通运输、生产工艺、基础设施等资料;有关设计规范、标准和技术经济指标等,并分析研究整理出满足设计要求的基本条件。其次要充分掌握和理解建设单位对项目建设的要求、设想和各种意图。

2)使用项目总目标论证的方法。对建设单位提出的项目总投资、总进度、总质量目标必须进行分析,论证其可行性。在确定的总投资数限定下,分析论证项目的规模、设备标准、装饰标准能否达到建设单位预期水平,进度目标能否实现;在进度目标限定下,要满足建设单位提出的项目规模、设备标准、装饰标准,估算总投资需多少。论证时应依据历史类似工程各种指标和条件与本项目进行差异分析比较,并分析项目建设中可能遇到的风险。

3)以初步确定的总建筑规模和质量要求为基础,将论证后所得总投资和总进度切块分解,确定投资和进度规划。

4)建设单位应尽量与设计单位达成限额设计条款。

(2)设计阶段质量控制方法。

1)跟踪设计。审核制度化为了有效地控制设计质量,就必须对设计进行质量跟踪。设计质量跟踪不是监督设计人员画图,也不是监督设计人员结构计算和结构配筋,而是要定期地对设计文件进行审核,必要时,对计算书进行核查,发现不符合质量标准和要求的,指令设计单位修改,直至符合标准为止。这里所述的标准是指根据设计质量目标所采用的技术标准、规范及材料品种规格等。因此,设计质量控制的主要方法就是在设计过程中和阶段设计完成时,以设计招标文件(含设计任务书、地质勘察报告等)、设计合同、监理合同、政府有关批文、各项技术规范和规定、气象、地区等自然条件及相关资料、文件为依据,对设计文件进行深入细致的审核。对各阶段设置审查点,审核设计文件质量,如规范符合性、结构安全性、施工可行性等,概预算总额,设计进度完成情况,与相应标准和计划值进行分析比较。

2)采用多种方案比较法。对设计人员所定的诸如建筑标准、结构方案、水、电、工艺等各种设计方案进行了解和分析,有条件时应进行两种或多种方案比较,判断确定最优方案。

3)协调各相关单位关系。工程设计过程牵涉很多部门,包括很多设计单位、政府部门等,很多的专业交叉,故必须掌握组织协调方法,以减少设计的差错。

(3)设计阶段质量控制的原则。

1)建设工程设计应当与社会、经济发展水平相适应,做到经济效益、社会效益和环境效益相统一。

2)建设工程设计应当按工程建设的基本程序,坚持先勘察,后设计,再施工的原则。

3)建设工程设计应力求做到适用、安全、美观、经济。

4)建设工程设计应符合设计标准、规范的有关规定,计算要准确,文字说明要清楚,图纸要清晰、准确,避免“错、漏、碰、缺”。

5.3.3 设计交底与图纸会审工作

1. 设计交底的概念

设计交底是指在施工图完成并经审查合格后,设计单位在设计文件交付施工时,按法律规定的义务就施工图设计文件向施工单位和监理单位作出详细的说明。其目的是对施工单位和监理单位正确贯彻设计意图,使其加深对设计文件特点、难点、疑点的理解,掌握关键工程部位的质量要求,确保工程质量。

设计交底的主要内容一般包括:

施工图设计文件总体介绍,设计的意图说明,特殊的工艺要求,建筑、结构、工艺、设备等各专业在施工中的难点、疑点和容易发生的问题说明,对施工单位、监理单位、建设单位等对设计图纸疑问的解释等。

2. 图纸会审

图纸会审是指承担施工阶段监理的监理单位组织施工单位以及建设单位、材料、设备供货等相关单位,在收到审查合格的施工图设计文件后,在设计交底前进行的全面细致熟悉和审查施工图纸的活动。

其目的有两方面,一是使施工单位和各参建单位熟悉设计图纸,了解工程特点和设计意图,找出需要解决的技术难题,并制定解决方案;二是为了解决图纸中存在的问题,减少图纸的差错,将图纸中的质量隐患消灭在萌芽之中。图纸会审的内容一般包括:

(1)是否无证设计或越级设计,图纸是否经设计单位正式签署。

(2)地质勘探资料是否齐全。

(3)设计图纸与说明是否齐全,有无分期供图的时间表。

(4)设计地震烈度是否符合当地要求。

(5)几个设计单位共同设计的图纸相互间有无矛盾,专业图纸之间、平立剖面图之间有无矛盾,标注有无遗漏。

(6)总平面与施工图的几何尺寸、平面位置,标高等是否一致。

(7)防火、消防是否满足要求。

(8)建筑结构与各专业图纸本身是否有差错及矛盾;结构图与建筑图的平面尺寸及标高是否一致;建筑图与结构图的表示方法是否清楚;是否符合制图标准;预埋件是否表示清楚;有无钢筋明细表;钢筋的构造要求在图中是否表示清楚。

(9)施工图中所列各种标准图册,施工单位是否具备。

(10)材料来源有无保证,能否代换;图中所要求的条件能否满足;新材料、新技术的应用有无问题。

(11)地基处理方法是否合理,建筑与结构构造是否存在不能施工、不便于施工的技术问题,或容易导致质量、安全、工程费用增加等方面的问题。

(12)工艺管道、电气线路、设备装置、运输道路与建筑物之间或相互间有无矛盾。

5.3.4　设计方案的审核

设计方案的审核是控制设计质量最为重要的环节。工程实践证明,只有重视与加强设计方案的审核工作,才能保证项目设计符合设计纲要的要求,才能符合国家相关工程建设的方针、政策,才能符合建筑设计标准、规范,才能适应我国的基本国情与符合工程实际,才能达到工艺合理、技术先进,才能发挥工程项目的社会效益、经济效益与环境效益。

设计方案审核应该贯穿于初步设计、技术设计或者扩大的初步设计阶段,其主要包括总体方案审核与各专业设计方案审核两部分。

1. 总体方案审核

总体方案的审核,主要是在初步设计时进行,重点审核设计依据、设计规模、工艺流程、产品方案、项目组成、工程布局、设施配套、协作条件、占地面积、三废治理、环境保护、防灾抗灾、建设期限、投资概算等方面的可靠性、合理性、经济性、先进性与协调性,是否满足决策质量目标与水平。

工程项目的总体方案审核,具体包括以下内容:

(1)设计规模。对生产性工程项目而言,其设计规模是指年生产能力;对于非生产性工程项目,则可用设计容量来表示,如医院的床位数、学校的学生人数、住宅小区的户数等。

(2)项目组成与工程布局。主要是总建筑面积及组成部分的面积分配。

(3)采用的生产工艺与技术水平是否先进,主要工艺设备选型等是否科学合理。

(4)建筑平面造型以及立面构图是否符合规划要求,建筑总高度等是否达到标准。

(5)是否符合当地城市规划以及市政方面的要求。

2. 专业设计方案审核

专业设计方案的审核,是总体方案审核的细化审核。它的重点是审核设计方案的设计参数、设计标准、设备与结构选型、功能和使用价值等方面,是否满足适用、经济、安全、可靠、美观等要求。

专业设计方案审核,应该从不同专业的角度分别进行,一般主要包括以下几个方面:

(1)建筑设计方案审核。建筑设计方案的审核是专业设计方案审核中的关键,为以下各专业设计方案的审核打下了良好基础。其主要包括平面布置、空间布置、室内装修与建筑物理功能。

(2)结构设计方案。结构设计方案关系到建筑工程的先进性、安全性与可靠性,也是专业设计方案中的重点。主要包括:主体结构体系的选择;结构方案的设计依据以及设计参数;地基基础设计方案的选择;安全度、可靠性及抗震设计要求;结构材料的选择等。

(3)给水工程设计方案。给水工程设计方案审核主要包括:给水方案的设计依据与设计参数;给水方案的选择;给水管线的布置及所需设备的选择等。

(4)通风、空调设计方案。通风、空调设计方案审核主要包括:通风、空调方案的设计依据与设计参数;通风、空调方案的选择;通风管道的布置与所需设备的选择等。

(5)动力工程设计方案。动力工程设计方案审核主要包括:动力方案的设计依据与设计参数;动力方案的选择;所需设备及器材的选择等。

(6)供热工程设计方案。供热工程设计方案审核主要包括:供热方案的设计依据与设计参数;供热方案的选择;供热管网的布置;所需设备及器材的选择等。

(7)通信工程设计方案。通信工程设计方案审核主要包括:通信方案的设计依据与设计参数;通信方案的选择;通信线路的布置;所需设备及器材的选择等。

(8)厂内运输设计方案。厂内运输设计方案审核主要包括:厂内运输的设计依据与设计参数;厂内运输方案的选择;运输线路以及构筑物的布置与设计;所需设备、器材与工程材料的选择等。

(9)排水工程设计方案。排水工程设计方案审核主要包括:排水方案的设计依据与设计参数;排水方案的选择;排水管网的布置;所需设备及器材的选择等。

(10)三废治理工程设计方案。三废治理工程设计方案是我国对保护环境的一项基本要求,无论进行哪一种工程建设,必须要对三废治理工程设计方案进行认真审核。其审核主要包括:三废治理方案的设计依据与设计参数;三废治理方案的选择;工程构筑物以及管网的布置与设计;所需设备、器材与工程材料的选择等。

对设计方案的审核,并不仅是一个简单的技术问题,也不仅是一个简单的经济问题,更不能就方案论方案,而应该综合加以分析研究,把技术与效果、方案与投资等有机地结合起来,通过多方案的技术经济的论证与审核,从中选择最优方案。

5.3.5 范例

设计阶段质量控制常用表格填写范例,见表5.1~5.3。

表5.1　施工组织设计(方案)会审记录

工程名称:××工程　　　　编号:×××

现场对施工单位报送的施工组织设计(方案)的审查情况如下,请各级领导予以审批。

1.施工组织设计(方案)中,施工单位和监理单位的审批手续是否齐全:

□是　　□否(注明原因)

2.施工单位项目管理机构的质量管理、技术管理、质量保证体系是否健全、质量保证措施是否切实可行且有针对性:

□是　　□否(注明原因)

3.施工现场总体布置是否合理:

□是　　□否(注明原因)

4.施工组织设计(方案)中工期、质量目标与施工合同是否一致:

□是　　□否(注明原因)

5.施工组织设计(方案)中的施工布置 程序是否符合本工程的特点及施工工艺,满足设计文件的要求:

□是　　□否(注明原因)

6.施工组织设计中进度计划是否采用流水施工方法和网络计划技术,以保证施工的连续性和均衡性,且工、料、机进场是否与进度计划保持协调:

□是　　□否(注明原因)

7.安全、环保、消防和文明施工措施是否切实可行并符合有关规定:

□是　　□否(注明原因)

8.施工组织设计中是否有提高造价的措施:(如有,则需工程部经理报请分公司经理批准)

□是　　□否(注明原因)

附件:施工组织(方案)设计

项目经理:王××

2013年5月20日

审查意见:同意/不同意施工单位按该施工组织设计(方案)施工。

理由:(此处应说明同意或不同意的理由)

工程技术主管:刘××

2013年5月25日

审查意见:同意/不同意施工单位按该施工组织设计(方案)施工。

理由:(此处应说明同意或不同意的理由)

工程造价主管:李××

2013年6月3日

审查意见:同意/不同意施工单位按该施工组织设计(方案)施工。

理由:(此处应说明同意或不同意的理由)

子(分)公司(或项目)工程部经理:张××

2013年6月10日

表5.2 施工图会审记录

编号:×××

工程名称		××A区27#楼电气	日期	2013年8月28日
地点		××	专业名称	建筑结构
序号	图号	图纸问题	图纸问题交底	
1	电施-1	开关、插座距地多高,插座如何配线	开关距地1.3 m;普通插座、饭厅插座、大厅空调插座、电视、电话插座距地0.5 m;厨、卫、主卧空调插座距地1.8 m。普通插座回路为BV—3×2.5PVC15;厨卫、空调插座回路为BV—3×4PVC20	
2	电施-2	电缆进户管为SC70	改为SC100	
3	电施-2	各单元JDBX至各层HNX为SC25	改为PVC25	
4	电施-3	各单元集中表箱位置	设在梯间B轴墙上,设表箱部位墙加厚	
签字栏	建设单位	监理单位	设计单位	施工单位
	李××	张××	刘××	宋××

表5.3 设计变更通知单

编号:×××

工程名称	××建筑工程	专业名称	结构
设计单位名称	××建筑研究院	日期	2013年6月5日
序号	图号	变更内容	
1	结施-14	Z10中配筋ϕ18改为ϕ,根数由60变为80	
2	结施-30	KL-42,44的梁高700改为800	
3	结施-40	二层顶梁LL-8梁高出板面0.55改为0.62	
4	结施-40	结构图中标注尺寸878全部改为873	
5	结施-40	KZ5截面1409改为1403,基础也相应改变	
签字栏	建设(监理)单位	设计单位	施工单位
	孙××	张××	王××

5.4 施工阶段质量控制

5.4.1 施工阶段质量控制的方法

施工阶段的控制方法、基本上分为三类,即审核施工单位所提供的有关技术报告和文件,进行施工现场质量检查和质量信息的及时反馈。

1.审核技术报告和文件

(1)审核施工单位提出的开工报告。总监理工程师在接到施工单位的开工申请后,应详细进行审核,并经现场检查核对后,下达开工令。

(2)确认分包单位的资格。当总承包单位或承包单位欲将所承包工程的一部分分包给其他承包单位时,分包单位的资格必须经总监理工程师审查确认。监理工程师对分包单位资格审查的主要内容包括:

1)查对分包单位的资质证明材料。

2)核查分包单位的质量管理情况。

3)核查分包单位对所分包工程采取的技术措施、现场管理人员素质、质量保证体系。

4)核查材料、设备、检测、验收情况。

5)审查分包单位对所分包工程采取的质量检测与验收方法。

6)审查分包单位所采用的工程质量标准是否与总包单位规定的工程质量标准一致。

(3)审核施工单位提交的施工组织设计、施工方案。施工组织设计,施工方案的审查是工程项目开工前质量控制的主要内容和步骤,施工单位所采用的施工方法除应使施工的进度满足工期的要求外,还应保证工程的施工符合规定的质量标准,总监理工程师在审核时,应着重审查施工安排是否合理,施工机械的配置是否得当,施工方法是否可行,施工外部条件是否具备等方面。

(4)审核施工单位提交的材料、半成品、构配件的质量检验报告,包括出厂合格证、技术说明书、试验资料等质量保证文件。

(5)审核新材料、新技术、新工艺现场试验报告、鉴定报告。

(6)审核永久设备的技术性能和质量检验报告。

(7)审查施工单位的质量保证体系文件,包括对分包单位质量控制体系和质量控制措施的审查。

(8)审核设计变更和图纸修改。

(9)审核施工单位提交的反映工程质量动态的统计资料或图表。

(10)审核有关工程质量事故的处理方案。

2. 现场质量检查

现场质量检查主要是通过有关质量控制人员现场的质量监督、检查(检验)、质量确认的方法。

3. 检查信息的反馈

检查员(监理员或巡视员)的值班、巡视、现场检查监督和处理的信息;除应以日报、周报、值班记录等形式作为工作档案外,还应及时反馈给监理工程师和监理总工程师。对于重大问题及普遍发生的问题,还应以《监理通知》的方式通知施工单位,要求迅速采取措施加以纠正和补救,并保证以后不再发生类似问题。

现场检测的结果,也应及时反馈到施工生产系统,以督促施工单位及时进行调整和纠正。

4. 多单位控制法

工程质量控制有其自控主体和监控主体。勘察设计单位、施工单位对工程质量控制是自控主体;政府的工程质量控制、工程监理单位的质量控制是监控主体。

5. 下达指令文件

指令文件是指监理工程师对施工单位发出指示和要求的书面文件,用以向施工单位提出或指出施工中存在的问题,或要求和指示施工单位应做什么或如何做等。例如施工准备完成后,经总监理工程师确认并下达开工指令,施工单位才能施工;施工中出现异常情况,经监理人员指出后,施工单位仍未采取措施加以改正或采取的措施不力时,总监理工程师为了保证施工质量,可以下达停工指令,要求施工单位停止施工,直到问题得到解决为止等。监理工程师所发出的各项指令都必须是书面的,并作为技术文件存档保存,如确因时间紧迫来不及作出书面指令,可先以口头指令的方式下达施工单位,但随后应及时补发正式书面指令予以确认。

6. 利用支付手段

支付手段是监理合同赋予监理工程师的一种支付控制权,也是国际上通用的一种控制权。所谓支付控制权,是指对施工单位支付各项工程款时,必须有总监理工程师签署的支付证明书,建设单位(业主)才向施工单位支付工程款,否则建设单位(业主)不得支付。监理工程师可以利用赋予他的这一控制权进行施工质量的控制,即只有施工质量达到规定的标准和要求时,总监理工程师才签发支付证明书,否则可拒绝签发支付证明书。例如分项工程完工,未经验收签证擅自进行下一道工序的施工,则可暂不支付工程款;分项工程完工后,经检查质量未达合格标准,在未返工修理达到合格标准之前,监理工程师也可暂不支付工程款。

5.4.2 材料、构配件的质量控制

材料包括原材料、成品、半成品、构配件、仪器仪表、生产设备等,是工程项目的物质基础,也是工程项目实体的组成部分。

1. 材料控制的重点

(1)收集和掌握材料的信息,通过分析论证优选供货厂家,以保证购买优质、廉价、能如期供货的厂家。

(2)合理组织材料的供应,确保工程的正常施工。施工单位应合理地组织材料的采购订货、加工生产、运输、保管和调度,既能保证施工的需要,又不造成材料的积压。

(3)严格材料的检查验收,确保材料的质量。

(4)实行材料的使用认证,严防材料的错用误用。

(5)严格按标准的要求组织材料的检验,材料的取样、试验操作均应符合标准要求。

(6)对于工程项目中所用的主要设备,应审查是否符合设计文件或标书中所规定的规格、品种、型号和技术性能。

2. 材料质量控制的内容

(1)材料质量标准。用以衡量材料质量的尺度,不同材料有不同的质量标准。例如,水泥的质量标准有细度、标准稠度用水量、凝结时间、体积安定性、强度、标号等。

(2)材料质量的检(试)验。通过一系列的检测手段,将所取得的材料质量数据与材料的质量标准相对照,借以判断材料质量的可靠性,能否使用于工程中;同时,还有利于掌握材料质量信息。

材料质量检验方法有:书面检验;外观检验;理化检验;不报检验等。

根据材料质量信息和保证资料的具体情况,其质量检验程度分为免检、抽检和全部检查等三种。

根据材料质量检验的标准,对材料的相应项目进行检验,判断材料是否合格。

(3)材料的选用。其选择和使用不当,均会严重影响工程质量或造成质量事故。为此,必须针对工程特点,根据材料的性能、质量标准、适用范围和对施工要求等方面进行综合考虑,慎重地选择和使用材料。

5.4.3　机械设备的质量控制

机械设备的控制一般包括施工机械设备和生产机械设备。

1. 施工机械设备的控制

施工机械是实施工程项目施工的物质基础,是现代化施工必不可少的设备。施工机械设备的选择是否适用、先进和合理,将直接影响工程项目的施工质量和进度。所以应结合工程项目的布置、结构型式、施工现场条件、施工程序、施工方法和施工工艺,控制施工机械型式和主要性能参数的选择,以及施工机械的使用操作,制定相应的使用操作制度,并严格执行。

2. 生产机械设备的控制

对生产机械设备的控制,主要是控制设备的检查验收、安装质量和试车运转。要求按设计选型购置设备;设备进场时,要按设备的名称、型号、规格、数量的清单逐一检查验收;设备安装要符合有关设备的技术要求和质量标准;试车运转正常,要能配套投产。

生产设备的检验要求如下:

(1)对整机装运的新购机械设备,应进行运输质量及供货情况的检查。对有包装的设备,应检查包装是否受损;对无包装的设备,则可直接进行外观检查及附件、备品的清点。对进口设备,则要进行开箱全面检查。若发现设备有较大损伤,应作好详细记录或照相,并尽快与运输部门或供货厂家交涉处理。

(2)对解体装运的自组装设备,在对总成、部件及随机附件、备品进行外观检查后,应尽快组织工地组装并进行必要的检测试验。因为该类设备在出厂时抽样检查的比例很小,一般不超过3%左右,其余的只做部件及组件的分项检验,而不做总装试验。

关于保修期及索赔期的规定为:一般国产设备从发货日起12~18个月;进口设备6~12个月;有合同规定者按合同执行。对进口设备,应力争在索赔期的上半年或至迟在9个月内安装调试完毕,以争取3~6个月的时间内进行生产考验,以便发现问题及时提出索赔。

(3)工地交货的机械设备,一般都由制造厂在工地进行组装、调试和生产性试验,自检合格后才提请订货单位复验,待试验合格后,才能签署验收。

(4)调拨的旧设备的测试验收,应基本达到“完好机械”的标准。全部验收工作,应在调出单位所在地进行,若测试不合格就不装车发运。

(5)对于永久性或长期性的设备改造项目,应按原批准方案的性能要求,经一定的生产实践考验并经鉴定合格后才予验收。

(6)对于自制设备,在经过6个月生产考验后,按试验大纲的性能指标测试验收,决不允许擅自降低标准。

机械设备的检验是一项专业性、技术性较强的工作,须要求有关技术、生产部门参加。重要的关键性大型设备,应组织专业鉴定小组进行检验。一切随机的原始资料、自制设备的设计计算资料、图纸、测试记录、验收鉴定结论等应全部清点,整理归档。

5.4.4 施工工序的质量控制

1. 工序控制及其重要意义

工序,是人、机器、材料、方法、环境对工程质量综合起作用的过程。工序是工程施工过程中质量特性发生变化的“单元”。

工序控制是施工过程中保证工程质量中非常重要的质量职能。工序控制,是利用各种手段控制好施工过程的人、机器、材料、方法、环境(4M1E)要素。工序控制是稳定生产优质工程的关键,是质量体系的基础。不搞好工序控制,就很难保证质量稳定。虽然建立了质量体系,但是如果工序控制搞不好,质量仍不能得到保证,因为质量体系的运转不能正常。由于工序控制涉及的人员众多,故工序控制的组织工作比较复杂,难度也很大的。

2. 工序分析

工序分析,概括地讲,就是要找出对工序的关键或重要质量特性起支配性作用的全部活动。对这些支配性要素,要制定成标准,加以重点控制。不进行工序分析,就搞不好工序控制,也就不能保证工序质量。工序质量不能保证,工程质量也就不能保证。如果搞好工序分析,就能迅速提高质量。工序分析是施工现场质量体系的一项基础工作。

工序分析可按三个步骤、八项活动进行。

(1)应用因果分析图法进行分析,通过分析,在书面上找出支配性要素。该步骤包括五项活动。

1)选定分析的工序,对关键、重要工序或根据过去资料认定经常发生问题的工序,可选定为工序分析对象。

2)确定分析者,明确任务,落实责任。

3)对经常发生质量问题的工序,应掌握现状和问题点,确定改善工序质量的目标。

4)组织开会,应用因果分析图法进行工序分析,找出工序支配性要素。

5)针对支配性要素拟订对策计划,决定试验方案。

(2)实施相应的对策计划。按试验方案进行试验,找出质量特性和工序支配性要素之间的关系,经过审查,确定试验结果。

(3)制定标准,控制工序支配性要素。

1)将试验核实的支配性要素编入工序质量表,纳入标准或规范,落实责任部门或人员,并经批准。

2)各部门或有关人员对属于自己负责的支配性要素,按标准规定实行重点管理。

工序分析的方法第一步是书面分析,用因果分析图法;第二步进行试验核实,可根据不同的工序用不同的方法,如优选法等;第三步,制定标准进行管理,主要应用系统图法和矩阵图法。

5.4.5 成品保护

在工程项目施工的过程中,工程是按一定的顺序进行的。有些分项、分部工程已经完成,其他工程正在施工,或者某些部位已经完成,其他部位正在施工。如果对已完成的成品不采取妥善的措施加以保护,便会造成一定的损伤,影响整体工程的质量。这样,就会增加修补的工作量,浪费工料,拖延工期,甚至有的损伤难以恢复到原样,从而造成永久的缺陷。

因此,开展好建筑工程的成品保护,是一项关系到工程质量、降低工程成本、是否按期竣工的重要工作。

加强建筑工程的成品保护,首先需要教育全体职工树立质量观念,要对国家、对人民、对用户负责,树立自觉爱护成品的意识,尊重他人与自己的劳动成果,施工操作时要珍惜已完成与部分完成的成品。其次,要合理地安排施工顺序,采取相应的成品保护措施。

1. 施工顺序与成品保护

科学合理安排施工顺序,依照正确的施工流程组织施工,是进行建筑工程成品保护的有效方法之一。

(1)建筑工程施工如果遵循“先地下后地上”、“先深后浅”的施工顺序,便不至于破坏地下管网与道路路面。

(2)地下管道要与基础工程相配合进行施工,可以避免基础工程完工之后再打洞挖槽安装管道,影响工程质量与施工进度。

(3)先在房间内回填土之后再作基础防潮层,这样可以保护防潮层不致受填土夯实而损伤。

(4)装饰工程若采取自上而下的流水顺序,可使房屋主体工程完成之后,有一定沉降期;已经做好的屋面防水层,可以防止雨水渗漏。这些均有利于保护装饰工程质量。

(5)先做地面,后做天棚、地面抹灰,可保护下层天棚、墙面抹灰不至于受渗水的污染;但在已经作好的地面上施工,需对地面加以保护。如果先做天棚、墙面抹灰,后做地面,则要求楼板灌缝密实,防止漏水污染墙面。

(6)若采用单排外脚手架砌墙,由于砖墙上有脚手洞眼,所以通常情况下内墙抹灰需待同一层外粉刷完成,脚手架拆除,洞眼填补之后才能进行,以免影响内墙抹灰的质量。

(7)建筑室内采用先喷浆后安装灯具的施工顺序,可以避免先安装灯具后喷浆产生的污染。

(8)楼梯间与踏步的饰面,宜在整个饰面完成之后,再自上而下地进行;门窗扇的安装一般在抹灰后进行;一般先进行油漆,再安装玻璃;这些施工顺序都有利于成品保护。

以上这些常见的施工顺序说明,只要科学合理地安排施工顺序,便可有效地保护成品的质量,亦可有效地防止后道工序损伤或污染前道工序。

2. 成品保护的措施

建筑工程成品保护的措施有很多,主要包括“护、包、盖、封”等四种措施。

(1)护。护就是指提前进行保护,以防止成品可能发生的损伤或者污染。若为了防止清水墙面的污染,在脚手架、安全网横杆、进料口四周及临近水刷石墙面上,提前钉上塑料布或者纸板;清水墙楼梯踏步采用护棱角铁上下连通使其固定;门口在推车易碰部位,在小车轴的高度钉上防护条或者槽型盖铁等。采取这些保护措施以后,一方面可以保证已经完成成品不受损伤或者污染,另一方面也可加快正在施工工程的进度。

(2)包。包就是指提前进行包裹,以防止成品被损伤或污染。如大理石或者高级贴面镶完后,应该用立板包裹捆扎;楼梯扶手易污染变色,油漆前应该裹纸保护;铝合金门窗应用塑料布包扎;炉片、管道污染以后不易清理,应该包纸保护;电气开关、插座、灯具等设备也应该包裹,防止喷浆时污染等。

(3)盖。盖就是指表面覆盖,防止堵塞、损伤。如预制水磨石、大理石楼梯应该用木板、加气板等覆盖,以防操作人员踩踏与物体磕碰;水泥地面、现浇或者预制水磨石地面,应铺干锯末保护;高级水磨石地面或者大理石地面,应用苫布或棉毡覆盖;落水口、排水管安好之后要加覆盖,以防产生堵塞;散水交活后,为了保水养护并防止磕碰,可以盖一层土或沙子;其他需要防晒、防冻、保温养护的项目,也需要采取适当的覆盖措施。

(4)封。封就是指局部进行封闭。如预制水磨石、水泥抹面楼梯施工后,应把楼梯口暂时封闭,等达到上人强度并采取保护措施后再开放;室内塑料墙纸、木地板油漆完成后,都应立即锁门;屋面防水层做完后,需封闭上屋顶的楼梯门或出入口;室内抹灰或者喷浆完成之后,为调节室内温度与湿度,应该有专人负责开关门窗等。

5.4.6 项目经理指导质量持续改进的要求

质量持续改进是一种不断增强与满足客户对质量要求能力的循环活动,项目经理应该按照《建设工程项目管理规范》(GB/T 50326—2006)的规定,组织项目进行质量持续改进,应该做到以下几点:

(1)应分析与评价项目管理现状,识别质量持续改进的区域,确定改进目标,实施相应的解决办法。

(2)项目质量持续改进应该按全面质量管理的方法进行。

(3)项目经理部应该按不合格控制规定控制不合格产品:按照程序控制不合格,对不合格产品进行鉴别、标识、记录、评价、隔离与处置;进行不合格评审;根据不合格严重程度,按照返工、返修或者让步接收、降级使用、拒收或者报废四种情况进行处理;构成等级质量事故的不合格,按照法律、法规进行处理;对返修或者返工后的产品,应该按规定重新进行检验和试验,并且保存记录;进行不合格让步接收时,承发包双方签字确认让步接收协议与标准;对影响主体结构安全与使用功能的不合格产品,由各方共同确定处理的方案;要保存不合格控制记录。

(4)对发生的不合格产品,应该采取“纠正措施”,主要包括:对各单位提出的质量问题进行研究分析,找出原因,制定纠正措施;对已经发生的潜在的不合格信息进行分析并且记录结果,根据项目技术负责人对质量问题判定不合格程度,制定纠正措施;对严重的不合格或者重大事故,必须实施纠正措施,实施纠正措施的结果应该验证、记录;项目经理部或者责任单位,应该定期评价纠正措施的有效性。

(5)应该采取有效的“预防措施”,主要包括:项目经理部定期召开质量分析会,对影响质量的原因采取相应的预防措施;对可能出现的不合格制定防止再发生的措施并且实施;采取预防质量通病的措施;对于潜在的严重不合格产品实施预防措施程序,项目经理部应该定期评价预防措施的有效性。

5.4.7 范例

施工阶段质量控制表格填写范例,见表5.4~5.6。

表5.4 工程材料(设备)进场检验记录

工程名称:××工程　　　　编号:×××

进场时间	工程材料(设备)名称	供应厂商	规格型号	数量	检验结果	备注
××年×月×日	光电感烟探测器	××建材有限公司	FW8010A	8 km	合格	
××年×月×日	导线	××建材有限公司	RV52×1.0	20个	合格	
					合格	

附件:1. 工程材料(设备)的质量证明资料
　　2. 自检结果(复试报告等)

监理单位的审查意见:

同意上述工程材料(设备)进场使用。

理由:

监理工程师: 赵××　　日期:2013年8月25日

项目经理的审查意见:

同意上述工程材料(设备)进场使用。

理由:

项目经理: 周××　　日期:2013年8月27日

工程技术主管审查意见:

同意上述工程材料(设备)进场使用。

理由:

工程技术主管: 程××　　日期:2013年8月28日

注:本表由项目经理填写一份,经工程技术主管审查后,由项目部保存。

表 5.5 检验、试验委托表

编号:×××

<table>
<tr><td>总包单位</td><td>××建筑工程公司</td><td>监理单位</td><td>××建设监理公司</td><td>合同号</td><td>××××</td></tr>
<tr><td>委托单位</td><td colspan="3">××建设集团</td><td>取(制)样日期</td><td>××年×月×日</td></tr>
<tr><td>委托单编号</td><td colspan="3">××××××</td><td>取(制)样地点</td><td>×××</td></tr>
<tr><td>工程名称</td><td colspan="3">××工程</td><td>送样日期</td><td>××年×月×日</td></tr>
<tr><td>使用部位</td><td colspan="3">地上六层</td><td>收样日期</td><td>××年×月×日</td></tr>
<tr><td>试样(件)名称</td><td>规 格</td><td colspan="2">数 量</td><td>质量或长度</td><td>备 注</td></tr>
<tr><td>缓凝引气减水剂</td><td>××</td><td colspan="2">××</td><td>××</td><td></td></tr>
<tr><td></td><td></td><td colspan="2"></td><td></td><td></td></tr>
<tr><td></td><td></td><td colspan="2"></td><td></td><td></td></tr>
<tr><td></td><td></td><td colspan="2"></td><td></td><td></td></tr>
<tr><td></td><td></td><td colspan="2"></td><td></td><td></td></tr>
<tr><td></td><td></td><td colspan="2"></td><td></td><td></td></tr>
<tr><td></td><td></td><td colspan="2"></td><td></td><td></td></tr>
<tr><td></td><td></td><td colspan="2"></td><td></td><td></td></tr>
<tr><td></td><td></td><td colspan="2"></td><td></td><td></td></tr>
<tr><td></td><td></td><td colspan="2"></td><td></td><td></td></tr>
<tr><td></td><td></td><td colspan="2"></td><td></td><td></td></tr>
<tr><td>委托项目</td><td colspan="5">必试项目:
(1)钢筋腐蚀。
(2)凝结时间差。
(3)28 天抗压强度比。
(4)减水率。</td></tr>
<tr><td>结 论</td><td colspan="5">依据《混凝土外加剂》(GB8076—2008)标准所验项目达到合格品指标要求,对钢筋无腐蚀。</td></tr>
<tr><td>批准</td><td>周××</td><td>审核</td><td>程××</td><td>试验</td><td>赵××</td></tr>
<tr><td>试验单位</td><td colspan="5">××建筑工程公司试验室</td></tr>
<tr><td>报告日期</td><td colspan="5">××年×月×日</td></tr>
</table>

注:本表由试验单位提供,建设单位、施工单位各保存一份。

表5.6　材料不合格品报告

工程名称:××　　　　工程编号:×××

材料名称	热镀锌扁铁	规格型号	–25×4	数量	100根

不合格品简述(附检测资料):

该批热镀扁铁的外观与质量不符合施工技术标准及规范的要求,为不合格品

填写人/部门:×××　　××年×月×日

项目部不合格品评审处置小组处置意见:

同意评定结果,该批材料退回厂家,换货

审批人:×××　　××年×月×日

公司不合格品评审处置小组对重大不合格品的评审、处置意见:

同意

审批人:×××　　××年×月×日

实施情况简述:

该批才料退回厂家后换回合格材料

填写人/部门:×××　　××年×月×日

质检部门复检意见:

新材料复检合格

复检人:×××　　××年×月×日

5.5　竣工验收阶段质量控制

5.5.1　工程项目竣工验收

工程项目的竣工验收是指工程施工全过程中的最后一道程序,亦是工程项目管理的最后一项工作。它是建设投资转入生产或者使用的标志,也是全面考核投资效益、检验设计与施工质量的重要环节。

工程项目竣工是指工程项目经承建单位施工准备与全部施工活动,并已完成了工程项目设计图纸与工程合同规定的全部内容,并且达到业主单位的使用要求,它标志着工程项目施工任务已全面完成。

工程项目竣工验收是指承建单位把竣工工程项目以及有关资料移交给业主(或者监理)单位,并接受对其产品质量与技术资料的一系列审查验收工作的总称。它也是工程项目质量控制的关键。工程项目达到验收标准,经过竣工验收合格之后,就可以解除合同双方各自承担的合同义务以及经济与法律责任。

1. 竣工验收的准备工作

在工程项目正式竣工验收前,施工单位应该按照工程竣工验收的相关规定,配合监理

工程师做好相应的竣工验收的准备工作:

(1)完成工程项目的收尾工程。收尾工程的特点为:零星、分散、工程量小、分布面广,若不及时完成,将会直接影响工程项目的竣工验收以及投产使用。做好收尾工程,必须要摸清收尾工程项目,通过竣工验收之前的预检,作一次彻底的清查,按设计图纸与合同要求逐一对照,找出遗漏项目与修补项目,制订作业计划,保质保量地完成。

(2)竣工验收资料的准备。竣工验收资料与有关技术文件,是工程项目竣工验收的重要依据,从施工开始就应该完整地积累和保管,竣工验收时应该整理归档,以便于竣工验收、总结经验教训与不断提高质量控制的管理水平。

工程项目竣工验收的资料包括很多,归纳起来主要包括以下内容:

1)工程说明:主要包括工程概况,工程竣工图,设计变更项目、原因以及内容,监理工程师有关工程设计修改的书面通知,工程施工的总结,工程实际完成的情况等。

2)对建筑工程质量和建筑设备安装工程质量的评价:包括监理工程师的检查签证资料,质量事故以及重大缺陷处理资料。

3)清单:包括竣工工程项目清单和遗留工程项目的清单。

4)中间验收资料汇编:主要包括分项工程验收资料、隐蔽工程验收记录、分部工程验收记录、单位工程验收资料,及监理工程师及业主的各种批准文件。

5)记录:埋设永久性观测设备的记录、性能与使用说明,建设期间的观测资料、分析资料与运行记录等。

6)意见或者建议:工程中遗留问题以及处理意见,对工程管理运行中的意见或者建议。

7)附件:主要包括工程测量、工程地质、水文地质、建筑材料等相关资料的原始记录。

(3)竣工验收的预验收。竣工验收的预验收,是指工程项目施工完成后,承包商组织相关人员进行内部模拟验收,也是竣工验收不可缺少的环节。通过预验收,承包商按照验收标准进行自我评价,及时地发现存在的质量问题,以便进行返工、修补,防止在竣工验收中进程拖延,这是顺利通过正式竣工验收的重要保证。

预验收可邀请监理工程师参加,以便更准确地找出存在的问题。预验收实际上是一种自验,通常可分为:基层施工队自验,工程项目经理组织的自验,承包商上级主管部门的预验。在组织预验收的同时,必须要准备竣工资料。

2.竣工验收的依据

竣工验收的依据,是指工程项目竣工验收的标准。依据工程项目竣工验收的实践经验,主要依据包括以下几个方面:

(1)上级主管部门关于该工程建设项目的批准文件。

(2)经过有关部门批准的设计纲要、设计文件、施工图纸与说明书。

(3)业主与承包商签订的工程承包合同及招标投标的文件。

(4)国家或者有关部(委)颁布的现行规程、规范,以及质量检验评定标准。

(5)图纸会审记录、设计变更签、中间验收资料与技术核定单。

(6)施工单位提供的有关质量保证文件与技术资料等。

3. **竣工验收的标准**

由于建设工程项目种类众多，对工程质量的要求也不尽相同。因此，必须要有相应明确的竣工验收标准，以便于各方共同遵循。

(1)单位工程竣工验收标准。一般单位工程竣工的验收标准，主要包括房屋建筑工程、设备安装工程与室外管线工程三部分。

1)房屋建筑工程竣工的验收标准。

第一，交付竣工验收的工程，都应按施工图设计规定全部施工完毕，经过承建单位预检与监理工程师初检，且已达到工程项目设计、施工以及验收规范要求。

第二，建筑设备经试验，并且均已达到工程项目设计与使用要求。

第三，建筑物室内外的清洁，室外2 m以内的现场已经清理完毕，施工弃土已经全部运出施工现场。

第四，工程项目的全部竣工图与其他竣工技术资料都已齐备。

第五，对生活设施与职工住宅除满足上述要求之外，还要求通水、通电、通路。

2)设备安装工程竣工的验收标准。

第一，属于建筑工程的设备基础、机座、支架、工作台与梯子等已全部施工完毕，并且经检验达到工程项目设计与设备安装要求。

第二，必须安装的工艺设备、动力设备与仪表，已按工程项目设计与技术说明书要求安装完毕，经过检验其质量符合施工以及验收规范要求，并且经试压、检测、单体或者联动试车，全部符合质量要求，已具备形成工程项目设计规定的生产能力。

第三，设备出厂合格证、技术性能与操作说明书，以及试车记录与其他竣工技术资料都已齐全。

3)室外管线工程竣工的验收标准。

第一，室外管道安装与电气线路敷设工程，全部按工程项目设计要求施工完毕，并且经检验达到工程项目设计、施工与验收规范要求。

第二，室外管道安装工程，已经通过闭水试验、试压和检测，且质量全部合格。

第三，室外电气线路敷设工程，已经通过绝缘耐压材料检测，并且已全部质量合格。

(2)单项工程竣工的验收标准。

1)工业单项工程的竣工验收标准。

第一，工程项目初步设计规定的工程，例如建筑工程、设备安装工程、配套工程与附属工程等，都已全部施工完毕，经检验达到工程项目设计、施工与验收规范，以及设备技术说明书要求，并且已形成工程项目设计规定的生产能力。

第二，经过单体试车、无负荷联动试车与负荷联动试车均合格。

第三，工程项目的投入生产的准备工作已经基本完成。

2)民用建筑单项工程的验收标准。

第一，全部单位工程均已经施工完毕，达到工程项目竣工验收标准，并且能交付使用。

第二，与项目配套的室外管线工程，已经全部施工完毕，并且达到竣工质量验收标准。

(3)建设项目竣工的验收标准。

1)工业建设项目竣工的验收标准。

第一,主要生产性工程与辅助公用设施,都按建设项目设计规定建成,并且能够满足建设项目生产要求。

第二,主要工艺设备与动力设备,都已安装配套,经无负荷联动试车与有负荷联动试车合格,并且已形成生产能力,可生产出项目设计文件规定的产品。

第三,职工宿舍、食堂、更衣室与浴室,以及其他生活福利设施,都能够适应项目投产初期的需要。

第四,项目生产准备工作已适应投产初期的需要。

2)民用建设项目竣工的验收标准。

第一,项目各单位工程与单项工程,都已符合项目竣工验收的标准。

第二,项目配套工程与附属工程,都已施工完毕,且达到设计规定的质量要求,具备了正常使用的条件。

综上所述,项目施工完毕之后,必须及时进行竣工验收工作。国家规定:“对已具备竣工验收条件的项目,3个月内不办理验收投产和移交固定资产手续者,将取消业主和主管部门的基建试车收入分成,并由银行监督全部上交国家财政;如在3个月内办理竣工验收确有困难,经验收主管部门批准,可以适当延长验收期限”。

5.5.2　竣工验收的程序

工程项目的竣工验收,应该由监理工程师牵头,会同业主单位、承建单位、设计单位与质检部门等共同进行。具体的竣工验收程序如下。

1.施工单位进行的竣工预验

施工单位竣工预验是指工程项目完工之后,首先由承建单位自行组织的内部验收,以便发现存在的质量问题,且及时采取措施进行处理,以保证正式验收的顺利通过。施工单位的竣工预验,根据工程重要程度以及规模大小,一般有以下三个层次:

(1)基层单位的竣工预验。基层施工单位竣工预验,由施工队长组织有关职能人员,对于拟报竣工工程的情况与条件,根据设计图纸、合同条件与验收标准,自行进行评价验收。其主要的内容包括:竣工项目是否符合相关规定;工程质量是否符合质量检验的评定标准;工程资料是否完备;工程完成情况是否符合设计的要求等。若有不足之处,要及时组织人力物力,限期按质完成。

(2)项目经理组织自验。项目经理部依据基层施工单位的预验报告与提交的有关资料,由项目经理组织有关职能人员进行自检。为了使项目正式验收顺利进行,最好能邀请现场监理人员参加经过严格检验,达到竣工标准,可以填报验收通知;否则,提出整改措施,限期完成。

(3)公司级组织预验。依据项目经理部的申请,竣工工程可以视其重要程度和规模大小,由公司组织有关职能人员(也可邀请监理工程师参加)进行检查预验,并且进行初步评价。对于不合格的项目,提出整改意见与措施,由相应施工队限期完成,并且再次组织检查验收,以决定是否提请正式的验收报告。

2.施工单位提交验收申请报告

在以上三级竣工预验合格的基础上,施工单位可以正式向监理单位提交工程竣工验收的申请报告。监理工程师在收到验收申请报告之后,应参照工程合同的要求及验收标准等进行仔细审查。

3. 根据验收申请报告作现场初验

监理工程师在审查验收申请报告之后,若认为可以进行竣工验收,则应该由监理单位负责组成验收机构,对竣工项目进行初步验收。在初步验收中若发现质量问题,应及时书面通知或者以备忘录的形式通知施工单位,并且令其在一定期限内完成修补工作,甚至返工。

4. 进行正式的竣工验收

在监理工程师初验合格的基础上,可以由监理工程师牵头,组织业主单位、施工单位、设计单位、上级主管部门与质量监督站等,在规定时间内进行正式的竣工验收。正式竣工验收,通常分为以下两个阶段进行:

(1)单项工程竣工验收。单项工程竣工验收,是指在一个总体的建设项目中,一个单项工程或者一个车间已按设计要求建设完成,能满足生产要求或者具备使用条件,并且施工单位已预验合格,监理工程师已经初验通过,在满足以上条件的前提下进行的正式验收。

由几个建筑安装单位负责施工的单项工程,如果其中的某一个施工单位所承担的部分已按设计要求完成,也可以组织正式验收。办理交工手续,交工验收时应该请总包施工单位参加,以避免相互耽误时间。对于建成的住宅,可以分幢进行正式竣工验收。

(2)全部竣工验收。全部竣工验收是指整个建设项目已按照设计要求全部建设完成,并且已符合竣工验收标准,施工单位预验合格,监理工程师初验通过,可以由监理工程师组织以业主单位为主,有业主主管部门及设计、施工与质检单位参加的竣工验收。在对整个工程项目进行全部竣工验收时,对已经验收过的单项工程,可不再进行正式验收与办理验收移交手续,但是应将单项工程验收单作为全部工程验收的附件加以说明。

5. 正式竣工验收程序

(1)参加工程项目竣工验收的各方对已经竣工的项目进行目测检查,同时,要逐一检查工程资料所列的内容是否齐备与完整。

(2)举行由各方参加的现场验收会议。现场验收会议通常由监理工程师主持,会议内容主要包括:

1)项目经理介绍工程的施工情况、自检情况及竣工情况,出示竣工资料(竣工图纸与各项原始资料及记录)。

2)监理工程师通报工程监理中的内容,发表竣工验收意见。

3)业主依据在竣工项目目测中发现的问题,按工程合同规定对施工单位提出限期处理意见。

4)暂时休会。由质检部门会同业主以及监理工程师,讨论工程正式的竣工验收是否合格。

5)复会。由监理工程师宣布竣工验收的结果,质检站人员宣布工程项目的质量等级。

6)办理竣工验收签证书(竣工验收证书)。竣工验收签证书必须由业主单位、承建单位与监理单位三方代表的签字方可生效。

5.5.3 范例

竣工验收阶段质量控制表格填写范例，见表5.7~5.11。

表5.7 单位(子单位)工程质量竣工验收记录

编号：×××

<table>
<tr><td>工程名称</td><td>××工程</td><td>结构类型</td><td>框剪</td><td>层数/
建筑面积</td><td>8层/6 400 m²</td></tr>
<tr><td>施工单位</td><td>××建筑工程公司</td><td>技术负责人</td><td>程××</td><td>开工日期</td><td>2012年09月20日</td></tr>
<tr><td>项目经理</td><td>李××</td><td>项目技术
负责人</td><td>赵××</td><td>竣工日期</td><td>2013年8月28</td></tr>
<tr><td>序号</td><td>项目</td><td colspan="2">验收记录</td><td colspan="2">验收结论</td></tr>
<tr><td>1</td><td>分部工程</td><td colspan="2">共6分部，经查符合要求6分部，核定符合标准及设计要求6分部</td><td colspan="2">经各专业分部工程验收，工程质量符合检验标准</td></tr>
<tr><td>2</td><td>质量控制资料核查</td><td colspan="2">共20项，经审查符合要求20项，经核定符合规范要求20项</td><td colspan="2">质量控制资料经核查共20项符合有关规范要求</td></tr>
<tr><td>3</td><td>安全和主要使用功能核查及抽查结果</td><td colspan="2">共核查28项，符合要求28项，共抽查10项，符合要求10项，经返工处理符合要求0项</td><td colspan="2">安全和主要使用功能共核查28项符合要求，抽查其中10项使用功能均满足</td></tr>
<tr><td>4</td><td>观感质量验收</td><td colspan="2">共抽查20项，符合要求20项，不符合要求0项</td><td colspan="2">观感质量验收结论为好</td></tr>
<tr><td>5</td><td>综合验收结论</td><td colspan="2">经对本工程综合验收，各分部分项工程符合设计要求，施工质量满足有关施工质量验收规范和标准要求，单位工程竣工验收合格</td><td colspan="2"></td></tr>
<tr><td rowspan="2">参加验收单位</td><td>建设单位
（公章）</td><td>监理单位
（公章）</td><td>施工单位
（公章）</td><td colspan="2">设计单位
（公章）</td></tr>
<tr><td>单位(项目)负责人：
刘××
2013年8月28日</td><td>总监理工程师：
王××
2013年8月28日</td><td>单位负责人：
李××
2013年8月28日</td><td colspan="2">单位(项目)负责人：
张××
2013年8月28日</td></tr>
</table>

表 5.8　地基与基础分部工程质量竣工验收记录

编号:×××

<table>
<tr><td colspan="3">单位(子单位)工程名称</td><td>××工程</td><td colspan="2">结构类型及层数</td><td>框架四层</td></tr>
<tr><td>施工单位</td><td colspan="2">××建筑工程公司</td><td>技术部门负责人</td><td>王××</td><td>质量部门负责人</td><td>刘××</td></tr>
<tr><td>分包单位</td><td colspan="2">/</td><td>分包单位负责人</td><td>/</td><td>分包技术负责人</td><td>/</td></tr>
<tr><td colspan="2">序号</td><td>子分部(分项)工程名称</td><td>分项工程(检验批)数</td><td colspan="2">施工单位检查评定</td><td>验收意见</td></tr>
<tr><td rowspan="5">1</td><td>1</td><td>砌体工程</td><td>10</td><td colspan="2">√</td><td rowspan="5">各子分部工程验收合格,符合施工质量验收规范要求</td></tr>
<tr><td>2</td><td>模板工程</td><td>16</td><td colspan="2">√</td></tr>
<tr><td>3</td><td>钢筋工程</td><td>16</td><td colspan="2">√</td></tr>
<tr><td>4</td><td>混凝土工程</td><td>16</td><td colspan="2">√</td></tr>
<tr><td>5</td><td>现浇结构工程</td><td>√</td><td colspan="2"></td></tr>
<tr><td>2</td><td colspan="2">质量控制资料</td><td colspan="3">√</td><td>同意</td></tr>
<tr><td>3</td><td colspan="2">安全和功能检验(检测)报告</td><td colspan="3">符合要求,合格</td><td>同意</td></tr>
<tr><td>4</td><td colspan="2">观感质量验收</td><td colspan="3">观感质量良好</td><td>同意</td></tr>
<tr><td rowspan="5">验收单位</td><td colspan="2">分包单位</td><td colspan="4">项目经理　　　　　　　　年　月　日</td></tr>
<tr><td colspan="2">施工单位</td><td colspan="4">项目经理　×××　　2013 年 7 月 10 日</td></tr>
<tr><td colspan="2">勘察单位</td><td colspan="4">项目负责人　×××　　2013 年 7 月 10 日</td></tr>
<tr><td colspan="2">设计单位</td><td colspan="4">项目负责人　×××　　2013 年 7 月 10 日</td></tr>
<tr><td colspan="2">监理(建设)单位</td><td colspan="4">各子分部位工程均符合施工质量验收规范要求,质量控制资料及安全和功能检验(检测)报告齐全,合格,观感质量好,同意验收
总监理工程师:　张××
(建设单位项目专业负责人)　2013 年 7 月 10 日</td></tr>
</table>

注:其他分部子分部工程质量验收记录可参照此表填写。

表 5.9　单位(子单位)工程质量控制资料核查记录

编号:×××

<table>
<tr><td colspan="2">工程名称</td><td>××工程</td><td colspan="2">施工单位</td><td colspan="2">××建筑工程公司</td></tr>
<tr><td>序号</td><td>项目</td><td>资料名称</td><td>份数</td><td colspan="2">核查意见</td><td>核查人</td></tr>
<tr><td>1</td><td rowspan="6">建筑结构</td><td>隐蔽工程验收记录</td><td>90</td><td colspan="2">隐蔽工程检查记录齐全</td><td rowspan="6"></td></tr>
<tr><td>2</td><td>施工记录</td><td>50</td><td colspan="2">地基验革命家、钎探、预检等齐全</td></tr>
<tr><td>3</td><td>图纸会审、设计变更、洽商记录</td><td>20</td><td colspan="2">设计变更、洽商记录齐全</td></tr>
<tr><td>4</td><td>工程定位测量、放线记录</td><td>160</td><td colspan="2">定位测量准确、放线记录齐全</td></tr>
<tr><td>5</td><td>原材料出厂合格证及进场检(试)验报告</td><td>105</td><td colspan="2">水泥、钢筋、防水材料等有出厂合格证及复试报告</td></tr>
<tr><td>6</td><td>施工试验报告及见证检测报告</td><td>115</td><td colspan="2">钢筋连接、混凝土抗压强度试验报告等符合要求,且按30%进行见证取样</td></tr>
</table>

续表5.9

工程名称		××工程	施工单位	××建筑工程公司	
7	建筑结构	预制构件、预拌混凝土合格证	12	预拌混凝土合格证齐全	李××
8		地基、基础、主体结构检验及抽样检测资料	49	基础、主体经监督部门检验，其抽样检测资料符合规范要求	
9		分项、分部工程质量验收记录	52	质量验收符合规范规定	
10		工程质量事故及事故调查处理资料	/	无工程质量事故	
11		新材料、新工艺施工记录	8	大体积混凝土施工记录齐全	
12			30		
1	给排水与采暖	图纸会审、设计变更、洽商记录	3	洽商记录齐全、清楚	张××
2		材料、配件出厂合格证书及进场检（试）验报告	15	合格证齐全、有进场检验报告	
3		管道、设备强度试验、严密性试验记录	28	强度试验记录齐全符合要求	
4		隐蔽工程验收记录	15	隐蔽工程检查记录齐全	
5		系统清洗、灌水、通水、通球试验记录	8	灌水、通水等试验记录齐全	
6		施工记录	15	各种预检记录齐全	
7		分项、分部工程质量验收记录	6	质量验收符合规范规定	
8					
1	建设电气	图纸会审、设计变更、洽商记录	5	洽商记录齐全、清楚	×××
2		材料、配件出厂合格证书及进场检（试）验报告	16	材料、主要设备出厂合格证书齐全、有进场检验报告	
3		设备调试记录	70	设备调试记录齐全	
4		接地、绝缘、电阻测试记录	68	接地、绝缘电阻测试记录齐全符合要求	
5		隐蔽工程验收记录	10	隐蔽工程检查记录齐全	
6		施工记录	10	各种预检记录齐全	
7		分项、分部工程质量验收记录	10	质量验收符合规范规定	
1	通风与空调	图纸会审、设计变更、洽商记录	5	洽商记录齐全、清楚	×××
2		材料、配件出厂合格证书及进场检（试）验报告	12	合格证齐全有进场检验报告	
3		制冷、空调、水管道强度试验、严密性试验记录	30	制冷、空调、水管道记录齐全	
4		隐蔽工程验收记录	15	隐蔽工程检查记录齐全	
5		制冷设备运行调试记录	17	各种调试记录符合要求	
6		通风、空调系统调试记录	17	通风、空调系统调试记录正确	
7		施工记录	9	预检记录符合要求	
8		分项、分部工程质量验收记录	5	质量验收符合规范规定	

续表 5.9

工程名称		××工程	施工单位	××建筑工程公司	
1	电梯	图纸会审、设计变更、洽商记录	/	安装中无设计变更	×××
2		设备出厂合格证书及开箱检验记录	12	设备合格证齐全,有开箱记录	
3		隐蔽工程验收记录	22	隐蔽工程检查记录齐全	
4		施工记录	15	各种施工记录齐全	
5		接地、绝缘电阻测试记录	4	电阻值符合要求,记录齐全	
6		负荷试验、安全装置检查记录	4	检查记录符合要求	
7		分项、分部工程质量验收记录	17	质量验收符合规范规定	
1	建筑智能化	图纸会审、设计变更、洽商记录、竣工图及设计说明	7	洽商记录、竣工图及设计说明齐全	×××
2		材料、配件出厂合格证书及技术文件及进场检(试)验报告	27	材料、配件出厂合格证书及技术文件齐全,有进场检验报告	
3		隐蔽工程验收记录	20	隐蔽工程检查记录齐全	
4		系统功能测定及设备调试记录	12	系统功能调试记录齐全	
5		系统技术、操作和维护手册	2	有系统技术操作和维护手册	
6		系统管理、操作人员培训记录	5	有系统管理操作人员培训记录	
7		系统检测报告	7	系统检测报告齐全符合要求	
8		分项、分部工程质量验收记录	8	质量验收符合规范规定	

结论:

通过工程质量控制资料核查,该工程资料齐全、有效,各种施工试验、系统调试记录等符合有关规范规定,同意竣工验收

施工单位项目经理: ××× 总监理工程师: ×××

(建设单位项目负责人)

2013 年 4 月 7 日 2013 年 4 月 7 日

表 5.10 单位(子单位)工程安全和功能检验资料核查及主要功能抽查记录

工程名称		××小区	施工单位		××建筑工程公司	
序号	项目	资料名称	份数	核查意见	抽查结果	核查人
1	建筑与结构	屋面淋水试验记录	5	试验记录齐全		
2		地下室防水效果检查记录	5	检查记录齐全		
3		有防水要求的地面蓄水试验记录	18	厕浴间防水记录齐全		
4		建筑物垂直度、标高、全高测量记录	3	记录符合测量规范要求		
5		抽气(风)道检查记录	3	检查记录齐全		

续表 5.10

工程名称		××小区	施工单位		××建筑工程公司	
6	建筑与结构	幕墙及外窗气密性、水密性、耐风压检测报告	1	“三性”试验报告符合要求		
7		建筑物沉降观测测量记录	1	符合要求		×××××
8		节能、保湿测试记录	5	保湿测试记录符合要求		
9		室内环境检测报告	6	有害物指标满足要求		
1	给排水与采暖	给水管道通水试验记录	22	通水试验记录齐全	合格	
2		暖气管道、散热器压力试验记录	30	压力试验记录齐全		
3		卫生器具满水试验记录	25	满水试验记录齐全	合格	××××××
4		消防管道、燃气管道压力试验记录	30	压力试验符合要求		
5		排水干管通球试验记录	1	试验记录齐全		
1	电气	照明全负荷试验记录	5	符合要求		
2		大型灯具牢固性试验记录	14	试验记录符合要求		×××××
3		避雷接地电阻测试记录	5	记录齐全符合要求		
4		线路、插座、开关接地检测记录	32	检验记录齐全		
1	电梯	电梯运行记录	3	运行记录符合要求	合格	××××
2		电梯安全装置检测报告	2	安检报告齐全		
1	智能建筑	系统试运行记录	6	系统运行记录齐全		××××××
2		系统电源及接地检测报告	6	检测报告符合要求		

结论：

对本工程安全、功能资料进行核查，基本符合要求。对单位工程的主要功能进行抽样检查，其检查结果合格，满足使用功能，同意竣工验收

施工单位项目经理： ××× 总监理工程师： ×××

（建设单位项目负责人）

2013 年 6 月 24 日 2013 年 6 月 24 日

表 5.11　单位(子单位)工程观感质量检查记录

工程名称		××大厦	施工单位				××建筑工程公司								
序号	项　目		抽查质量状况										质量评价		
													好	一般	差
1	建筑与结构	室外墙面	√	√	√	○	√	√	√	√	√	√	√		
2		变形缝	√	√	√	√	○	√	○	√	○	○		√	
3		水落管、屋面	√	√	√	√	√	√	√	√	○	√	√		
4		室内墙面	√	√	√	√	○	√	√	√	√	√	√		
5		室内顶棚	√	√	√	√	√	√	√	○	√	√	√		
6		室内地面	√	√	√	√	√	√	√	○	√	√	√		
7		楼梯、踏步、护栏	○	√	○	√	○	√	√	√	√	○		√	
8		门窗	√	√	√	√	√	√	√	√	√	√	√		
1	给排水与采暖	管道接口、坡度、支架	√	√	√	√	√	○	√	√	√	√	√		
2		卫生器具、支架、阀门	√	√	○	√	√	√	√	√	√	√	√		
3		检查口、扫除口、地漏	√	√	√	√	√	√	√	√	√	√	√		
4		散热器、支架	√	○	√	√	√	○	√	○	√	○		√	
1	建筑电气	配电箱、盘、板、接线盒	√	√	○	√	√	√	√	√	√	√	√		
2		设备器具、开关、插座	○	√	√	√	√	√	√	√	√	√	√		
3		防雷、接地	√	√	√	√	√	√	√	√	√	√	√		
1	通风与空调	风管、支架	√	√	√	√	√	○	√	√	√	√	√		
2		风口、风阀	○		○	○	√	○	√	√	√	√	√		
3		风机、空调设备	√	√	√	√	√	√	√	√	√	√	√		
4		阀门、支架	√	√	√	√	√	√	√	√	√	√	√		
5		水泵、冷却塔													
6		绝热													
1	电梯	运行、平层、开关门	√	√	√	√	√	√	√	√	√	√	√		
2		层门、信与系统	√	√	√	√	√	√	○	√	√	√			
3		机房	√	○	√	○	√	○	√	√	○	√		√	
1	智能建筑	机房设备安装及布局	√	√	√	√	√	○	√	√	√	√	√		
2		现场设备安装													
检查结论	结论： 工程观感质量综合评价为好，验收合格 施工单位项目经理：赵×× 2013 年 6 月 20 日									总监理工程师：李×× （建设单位项目负责人） 2013 年 6 月 15 日					

5.6 施工项目质量事故处理

5.6.1 工程质量事故特点、分类及原因

1. 工程质量事故特点及分类

(1)工程质量事故概念。

1)质量不合格。根据我国有关质量、质量管理和质量保证方面的国家标准的定义,凡工程产品质量没有满足某项规定的要求,就称之为质量不合格;而没有满足某项预期的使用要求或合理的期望(包括与安全性的要求),称之为质量缺陷。

2)质量问题。凡是工程质量不合格,必须进行返修、加固或报废处理,由此造成直接经济损失低于5 000元的称为质量问题。

3)质量事故。工程质量事故,是指由于建设、勘察、设计、施工、监理等单位违反工程质量有关法律法规和工程建设标准,使工程产生结构安全、重要使用功能等方面的质量缺陷,造成人身伤亡或者重大经济损失的事故。

(2)工程质量事故的特点。

1)复杂性。影响工程质量的因素繁多,造成质量事故的原因错综复杂,即使是同一类的质量事故,而原因却可能多种多样,截然不同。这增加了质量事故的原因和危害的分析难度,也增加了工程质量事故的判断和处理的难度。

2)严重性。建筑工程是一项特殊的产品,不像一般生活用品可以报废,降低使用等级或使用档次,工程项目一旦出现质量事故,其影响较大。轻者影响施工顺利进行,拖延工期、增加工程费用;重者则会留下隐患成为危险的建筑,影响使用功能或者不能使用;更严重的还会引起建筑物的失稳、倒塌,造成人民生命、财产的巨大损失。

3)可变性。许多建筑工程的质量问题出现后,其质量状态并非稳定于发现的初始状态,而是有可能随着时间进程而不断地发展、变化。因此,在初始阶段并不严重的质量问题,如不能及时处理和纠正,有可能发展成严重的质量事故,在分析、处理工程质量事故时,一定要注意质量事故的可变性,应及时采取可靠的措施,防止事故进一步恶化,或加强观测与试验,取得数据,预测未来发展的趋向。

4)多发性。建筑工程受手工操作和原材料多变等影响,建筑工程中有些质量事故,在各项工程中经常发生,降低了建筑标准,影响了使用功能,甚至危及使用安全,而成为多发性的质量通病。因此,必须总结经验、吸取教训、分析原因,采取有效措施进行必要预防。

(3)工程质量事故的分类。根据工程质量事故造成的人员伤亡或者直接经济损失,工程质量事故分为4个等级(本等级划分所称的“以上”包括本数,所称的“以下”不包括本数):

1)特别重大事故,是指造成30人以上死亡,或者100人以上重伤,或者1亿元以上直接经济损失的事故;

2)重大事故,是指造成10人以上30人以下,或者50人以上100人以下重伤,或者

5 000万元以上1亿元以下直接经济损失的事故；

3)较大事故，是指造成3人以上10人以下死亡，或者10人以上50人以下重伤，或者1 000万元以上5 000万元以下直接经济损失的事故；

4)一般事故，是指造成3人以下死亡，或者10人以下重伤，或者100万元以上1 000万元以下直接经济损失的事故。

2. 工程质量事故原因

(1)违背建设程序。不经可行性论证，不作调查分析就拍板定案；没有搞清工程地质、水文地质就仓促开工；无证设计，无图施工；在水文气象资料缺乏，工程地质和水文地质情况不明，施工工艺不过关的条件下盲目兴建；任意修改设计，不按图纸施工；工程竣工不进行试车运转、不经验收就交付使用等蛮干现象等，致使不少工程项目留有严重隐患，房屋倒塌事故也常有发生。

(2)工程地质勘察原因。未认真进行地质勘察，提供地质资料、数据有误；地质勘察时，钻孔间距太大，不能全面反映地基的实际情况，如当基岩地面起伏变化较大时，软土层厚薄相差亦甚大；地质勘察钻孔深度不够，没有查清地下软土层、滑坡、墓穴、孔洞等地层构造；地质勘察报告不详细、不准确等，均会导致采用错误的基础方案，造成地基不均匀沉降、失稳，使上部结构及墙体开裂、破坏、倒塌。

(3)未加固处理好地基。对软弱土、冲填土、杂填土、湿陷性黄土、膨胀土、岩层出露、岩溶、土洞等不均匀地基未进行加固处理或处理不当，均是导致重大质量问题的原因。必须根据不同地基的工程特性，按照地基处理应与上部结构相结合，使其共同工作的原则，从地基处理、设计措施、结构措施、防水措施、施工措施等方面综合考虑治理。

(4)设计计算问题。设计考虑不周，结构构造不合理，计算简图不正确，计算荷载取值过小，内力分析有误，沉降缝及伸缩缝设置不当，悬挑结构未进行抗倾覆验算等，都是诱发质量问题的隐患。

(5)建筑材料及制品不合格。诸如钢筋物理力学性能不符合标准，水泥受潮、过期、结块、安定性不良，砂石级配不合理、有害物含量过多，混凝土配合比不准，外加剂性能、掺量不符合要求时，均会影响混凝土强度、和易性、密实性、抗渗性，导致混凝土结构强度不足、裂缝、渗漏、蜂窝、露筋等质量问题。预制构件断面尺寸不准，支撑锚固长度不足，未可靠建立预应力值，钢筋漏放、错位，板面开裂等，必然会出现断裂、垮塌。

(6)施工和管理问题。许多工程质量问题，往往是由施工和管理所造成的。

1)不熟悉图纸，盲目施工；图纸未经会审，仓促施工；未经监理、设计部门同意，擅自修改设计。

2)不按图施工。把铰接做成刚接，把简支梁做成连续梁，抗裂结构用光圆钢筋代替变形钢筋等，致使结构裂缝破坏；挡土墙不按图设滤水层，留排水孔，致使土压力增大，造成挡土墙倾覆。

3)不按有关施工验收规范施工。如现浇混凝土结构不按规定的位置和方法任意留设施工缝；不按规定的强度拆除模板；砌体不按组砌形式砌筑，留直槎不加拉结条，在小于1 m宽的窗间墙上留设脚手眼等。

4)缺乏基本结构知识，施工蛮干。如将钢筋混凝土预制梁倒放安装；将悬臂梁的受拉钢筋放在受压区;结构构件吊点选择不合理,不了解结构使用受力和吊装受力的状态;施工中在楼面超载堆放构件和材料等,均将给质量和安全造成严重的后果。

5)施工管理紊乱,施工方案考虑不周,施工顺序错误;技术组织措施不当,技术交底不清,违章作业;不重视质量检查和验收工作等,都是导致质量问题的祸根。

(7)自然条件影响。建设工程项目施工周期长、露天作业多,受自然条件影响大,温度、湿度、日照、雷电、供水、大风、暴雨等都能造成重大的质量事故,施工中应特别重视,采取有效措施予以预防。

(8)建筑结构使用问题。建筑物使用不当,也易造成质量问题。如不经校核、验算,就在原有建筑物上任意加层;使用荷载超过原设计的容许荷载;任意开槽、打洞、削弱承重结构的截面等。

(9)生产设备本身存在缺陷。

5.6.2 工程质量事故处理依据

工程质量事故处理的主要依据如下。

1. 质量事故状况

要搞清质量事故的原因和确定处理对策,首要的是要掌握质量事故的实际情况,有关质量事故状况的资料主要来自以下几个方面。

(1)来自施工单位的质量事故调查报告。质量事故发生后,施工单位有责任就所发生的质量事故进行周密的调查,研究掌握情况,并在此基础上写出事故调查报告,对有关质量事故的实际情况作详尽的说明,其内容如下:

1)质量事故发生的时间、地点,工程项目名称及工程的概况,如:结构类型、建筑(工作量)、建筑物的层数,发生质量事故的部位,参加工程建设的各单位名称。

2)质量事故状况的描述。例如:分布状态及范围、发生事故的类型;缺陷程度及直接经济损失,是否造成人身伤亡及伤亡人数。

3)质量事故现场勘察笔录,事故现场证物照片、录像,质量事故的证据资料,质量事故的调查笔录。

4)质量事故的发展变化情况(是否继续扩大其范围、是否已经稳定)。

(2)事故调查组研究所获得的第一手材料,以及调查组所提供的工程质量事故调查报告,用来和施工单位所提供的情况对照、核实。

2. 有关合同和合同文件

所涉及的合同文件有:工程承包合同;设计委托合同;设备与器材购销合同;监理合同及分包工程合同等。有关合同和合同文件在处理质量事故中的作用,是对于施工过程中有关各方是否按照合同约定的有关条款实施其活动,同时,有关合同文件还是界定质量责任的重要依据。

3. 有关的技术文件和档案

(1)有关的设计文件。

(2)与施工有关的技术文件和档案资料。

1)施工组织设计或施工方案、施工计划。

2)施工记录、施工日志等。根据这些记录可以查对发生质量事故的工程施工时的情况。借助这些资料可以追溯和探寻事故的可能原因。

3)有关建筑材料的质量证明文件资料。例如材料进场的批次,出厂日期、出厂合格证书,进场验收或检验报告,施工单位按标准规定进行抽检、有见证取样的试验报告等。

4)现场制备材料的质量证明资料。例如混凝土拌和料的级配、配合比、计量搅拌、运输、浇筑、振捣及坍落度记录,混凝土试块制作、标准养护或同条件养护的强度试验报告等。

5)质量事故发生后,对事故状况的观测记录、试验记录或试验、检测报告等。例如:对地基沉降的观测记录;对建筑物倾斜或变形的观测记录;对地基钻探取样记录或试验报告,对混凝土结构物钻取芯样、回弹或超声检测的记录及检测结果报告等。

6)其他有关资料。

上述各类技术资料对于分析事故原因、判断其发展变化趋势、推断事故影响及严重程度,考虑处理措施等起着重要的作用。

4. 有关的建设法规

(1)设计、施工、监理单位资质管理方面的法规。属于这类法规的如国家计委颁发的《关于全国工程勘察、设计单位资格认证管理暂行办法》、《工程勘察和工程设计单位资格管理办法》、《建设工程勘察和设计单位资质管理规定》、《建筑业企业资质管理规定》、《建筑企业资质等级标准》,以及《工程建设监理单位资质管理试行办法》等。

(2)建筑市场方面的法规　这类法规主要涉及工程发包、承包活动,以及国家对建筑市场的管理活动。属于这类的法规文件的有《工程建设施工招标投标管理办法》、《建筑工程总分包实施办法》、《建设工程施工合同管理办法》、《建设工程勘察设计市场管理规定》、《关于禁止在工程建设中垄断市场和肢解发包工程的通知》、《建筑市场管理规定》,以及《工程项目建设管理单位管理暂行办法》和《工程建设若干违法违纪行为处罚办法》等。

(3)建筑施工方面的法规。这类法规主要涉及有关施工技术管理、建设工程质量监督管理、建筑安全生产管理和施工机械设备管理、工程监理等方面的法律规定,它们都是与现场施工密切相关的,因而与工程施工质量有密切关系或直接关系。属于这类法规文件的诸如:《关于施工管理若干规定》、《建设工程质量检测工作规定》、《建设工程质量监督管理规定》、《建筑安全生产监督管理规定》、《建设工程施工现场管理规定》、《建设工程质量管理办法》及近年来发布的一系列有关建设监理方面的法规文件。

5.6.3　工程质量事故处理程序

工程质量事故发生之后,可按图5.6的程序处理。

1. 事故报告

(1)工程质量事故发生后,事故现场有关人员应当立即向工程建设单位负责人报告;工程建设单位负责人接到报告后,应于1小时内向事故发生地县级以上建设主管部门及有关部门报告。

情况紧急时,事故现场有关人员可直接向事故发生地县级以上建设主管部门报告。

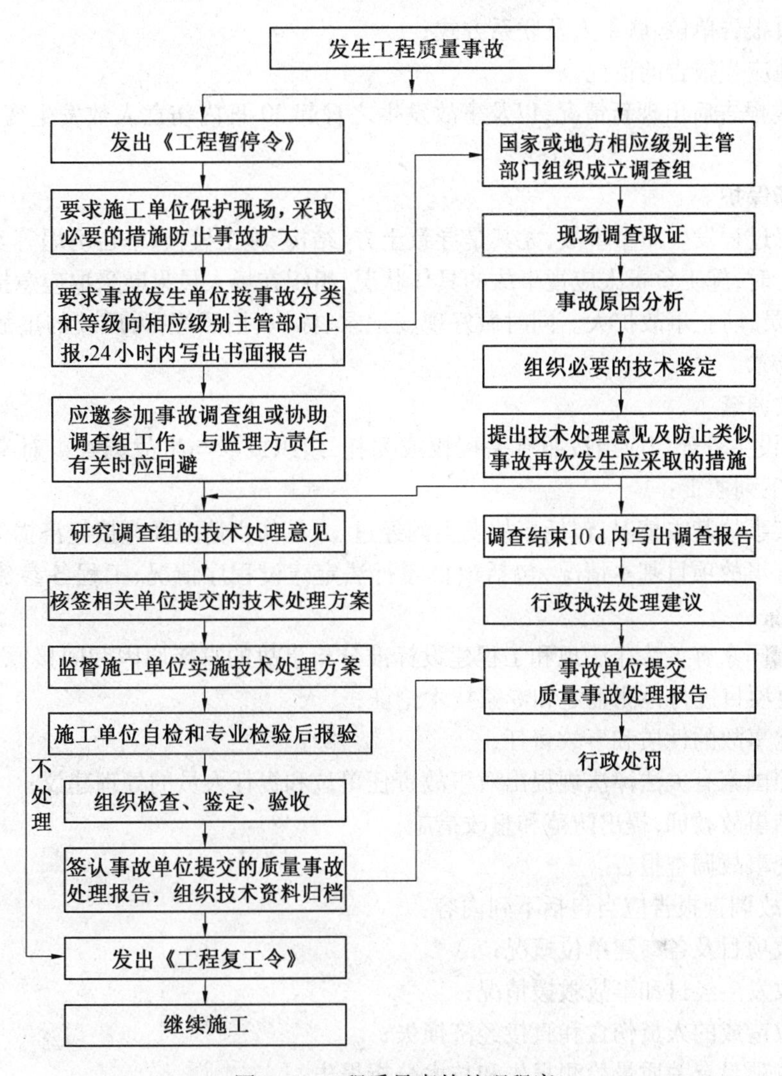

图5.6 工程质量事故处理程序

(2)建设主管部门接到事故报告后，应当依照下列规定上报事故情况，并同时通知公安、监察机关等有关部门：

1)较大、重大及特别重大事故逐级上报至国务院建设主管部门，一般事故逐级上报至省级建设主管部门，必要时可以越级上报事故情况。

2)建设主管部门上报事故情况，应当同时报告本级人民政府；国务院建设主管部门接到重大和特别重大事故的报告后，应当立即报告国务院。

3)建设主管部门逐级上报事故情况时，每级上报时间不得超过2小时。

4)事故报告应包括下列内容：

①事故发生的时间、地点、工程项目名称、工程各参建单位名称；

②事故发生的简要经过、伤亡人数(包括下落不明的人数)和初步估计的直接经济损失；

③事故的初步原因；

④事故发生后采取的措施及事故控制情况；

⑤事故报告单位、联系人及联系方式；

⑥其他应当报告的情况。

5)事故报告后出现新情况，以及事故发生之日起30日内伤亡人数发生变化的，应当及时补报。

2. 现场保护

当施工过程发生质量事故，尤其是导致土方、结构、施工模板、平台坍塌等安全事故造成人员伤亡时，施工负责人应视事故的具体状况，组织在场人员果断采取应急措施保护现场，救护人员，防止事故扩大。同时做好现场记录、标识、拍照等，为后续的事故调查保留客观真实场景。

3. 事故调查

(1)建设主管部门应当按照有关授权或委托，组织或参与事故调查组对事故进行调查，并履行下列职责：

1)核实事故基本情况，包括事故发生的经过、人员伤亡情况及直接经济损失；

2)核查事故项目基本情况，包括项目履行法定建设程序情况、工程各参建单位履行职责的情况；

3)依据国家有关法律法规和工程建设标准分析事故的直接原因和间接原因，必要时组织对事故项目进行检测鉴定和专家技术论证；

4)认定事故的性质和事故责任；

5)依照国家有关法律法规提出对事故责任单位和责任人员的处理建议；

6)总结事故教训，提出防范和整改措施；

7)提交事故调查报告。

(2)事故调查报告应当包括下列内容：

1)事故项目及各参建单位概况；

2)事故发生经过和事故救援情况；

3)事故造成的人员伤亡和直接经济损失；

4)事故项目有关质量检测报告和技术分析报告；

5)事故发生的原因和事故性质；

6)事故责任的认定和事故责任者的处理建议；

7)事故防范和整改措施。

事故调查报告应当附具有关证据材料。事故调查组成员应当在事故调查报告上签名。

4. 事故处理

(1)事故处理包括如下两个方面：

1)事故的技术处理，解决施工质量不合格和缺陷问题。

2)事故的责任处罚，根据事故性质、损失大小、情节轻重对责任单位和责任人作出行政处分直至追究刑事责任等不同处罚。

(2)工程质量事故处理报告主要内容如下：

1)工程质量事故情况、调查情况、原因分析。

2)质量事故处理的依据。

3)质量事故技术处理方案。

4)实施技术处理施工中有关问题和资料。

5)对处理结果的检查鉴定和验收。

6)质量事故处理结论。

5. 恢复施工

对停工整改、处理质量事故的工程,经过对施工质量的处理过程和处理结果的全面检查验收,并有明确的质量事故处理鉴定意见后,报请工程监理单位签发《工程复工令》,恢复正常施工。

5.6.4 工程质量事故处理方案的确定

1. 工程质量事故处理的方案

(1)修补处理。这是最常用的一类处理方案。通常当工程的某个检验批、分项或分部的质量虽未达到规定的规范、标准或设计要求,存在一定缺陷,但通过修补或更换器具、设备后还可达到要求的标准,又不影响使用功能和外观要求,在此情况下,可以进行修补处理。属于修补处理这类具体方案很多,诸如封闭保护、复位纠偏、结构补强、表面处理等。某些事故造成的结构混凝土表面裂缝,可根据其受力情况,仅作表面封闭保护。某些混凝土结构表面的蜂窝、麻面,经调查分析,可进行剔凿、抹灰等表面处理,一般不会影响其使用和外观。

对较严重的质量问题,可能影响结构的安全性和使用功能,必须按一定的技术方案进行加固补强处理,这样往往会造成一些永久性缺陷,如改变结构外形尺寸,影响一些次要的使用功能等。

(2)返工处理。当工程质量未达到规定的标准和要求,存在的严重质量问题,对结构的使用和安全构成重大影响,且又无法通过修补处理的情况下,可对检验批、分项、分部甚至整个工程返工处理。如,某防洪堤坝填筑压实后,其压实土的干密度未达到规定值,经核算将影响土体的稳定且不满足抗渗能力要求,可挖除不合格土,重新填筑,进行返工处理。又如某公路桥梁工程预应力按规定张力系数为1.3,实际仅为0.8,属于严重的质量缺陷,也无法修补,只有返工处理。对某些存在严重质量缺陷,且无法采用加固补强等修补处理或修补处理费用比原工程造价还高的工程,应进行整体拆除,全面返工。

(3)让步处理。对质量不合格的施工结果,经设计人的核验,虽没达到设计的质量标准,却尚不影响结构安全和使用功能,经业主同意后可予验收。

(4)降级处理。对已完成施工部位,因轴线、标高引测差错而改变设计平面尺寸,若返工损失严重,在不影响使用功能的前提下,经承、发包双方协商验收。

出现质量问题后,经检测鉴定达不到设计要求,但经原设计单位核算,仍能满足结构安全和使用功能,则可作为降级处理。例如,某一结构构件截面尺寸不足,或材料强度不足,影响结构承载力,但经按实际检测所得截面尺寸和材料强度复核验算,仍能满足设计的承载力,可不进行专门处理。这是因为一般情况下,规范标准给出了满足安全和功能的最低限度要求,而设计往往在此基础上留有一定余量,这种处理方式实际上是挖掘了设计潜力或降低了设计的安全系数。

(5)不作处理。对于轻微的施工质量缺陷,如面积小、点数多、程度轻的混凝土蜂窝麻面、露筋等在施工规范允许范围内的缺陷,可通过后续工序进行修复。

实际上,让步处理和降级处理均为不作处理,但其质量问题在结构安全性和使用功能上的影响不同。不论什么样的质量问题处理方案,均必须做好必要的书面记录。

2. 对工程缺陷处理方案进行决策的辅助方法

对质量缺陷处理的决策,是复杂而重要的工作,它直接关系到工程的质量、费用与工期。所以,要作出对缺陷处理的决定,特别是对需要返工或不作处理的决定,应当慎重对待。在对于某些复杂的工程缺陷作出处理决定前,可采取下述方法做进一步论证。

(1)实验验证。对某些有严重质量缺陷的项目,可采取合同规定的常规试验以外的试验方法进一步进行验证,以便确定缺陷的严重程度。例如混凝土构件的试件强度低于要求的标准不太大(例如10%以下)时,可进行加载试验,以证明其是否满足使用要求。监理工程师可根据对试验验证结果的分析、论证,再研究处理决策。

(2)定期观测。在发现工程有质量缺陷时其状态可能尚未达到稳定仍会继续发展,在这种情况下一般不宜过早作出决定,可以对其进行一段时间的观测,然后再根据情况作出决定。对此,监理工程师应与业主及承包商协商,是否可以留待缺陷责任期解决或采取修改合同,延长缺陷责任期的办法。

(3)专家论证。对于某些工程缺陷,可能涉及的技术领域比较广泛,或问题很复杂,有时仅根据合同规定难以决策,而采用这种办法时,应事先做好充分准备,尽早为专家提供尽可能详尽的情况和资料,以便使专家能够进行较充分的、全面和细致的分析、研究,提出切实的意见与建议。实践证明,采取这种方法,对于就重大质量缺陷问题作出恰当的决定十分有益。

5.6.5 工程质量事故处理的鉴定验收

1. 检查验收

工程质量事故处理完成后,应严格按施工验收标准及有关规范的规定进行,依据质量事故技术处理方案设计要求,通过实际量测,检查各种资料数据进行验收,并应办理交工验收文件,组织各有关单位会签。

2. 必要的鉴定

为确定工程质量事故的处理效果,凡涉及结构承载力等使用安全和其他重要性能的处理工作,常需做必要的实验和检验鉴定工作。或质量事故处理施工过程中建筑材料及构配件保证资料严重缺乏,或对检查密实性和裂缝修补效果,或检测实际强度;结构荷载实验,确定其实际承载力;超声波检测焊接或结构内部质量;池、罐、箱柜工程的渗漏检验等。检测鉴定必须委托政府批准的有资质的法定检测单位进行。

3. 验收结论

对所有的质量事故,无论是经过技术处理、通过检查鉴定验收还是不需专门处理的,均应有明确的书面结论。若对后续工程施工有特定要求,或对建筑物使用有一定限制条件,应在结论中提出。

验收结论通常有以下几种:

(1)事故已排除,可以继续施工。

(2)隐患已消除,结构安全有保证。

(3)经修补处理后,完全能够满足使用要求。

(4)基本上满足使用要求,但使用时有附加限制条件,例如限制荷载等。

(5)对耐久性影响的结论。

(6)对建筑物外观影响的结论。

(7)对事故责任的结论。

对短期内难以作出结论的,可提出进一步观测检验意见。质量问题处理方案应以原因分析为基础,如果某些问题一时认识不清,且一时不致产生严重恶化,可以继续进行调查、观测,以便掌握更充分的资料和数据,做进一步分析,找出起源点,方可确认处理方案,避免急于求成造成反复处理的不良后果。审核确认处理方案应牢记:安全可靠,不留隐患,满足建筑物的功能和使用要求,技术可行,经济合理原则。针对确认不需专门处理的质量问题,应能保证它不构成对工程安全的危害,且满足安全和使用要求。因此,应总结经验,吸取教训,采取有效措施予以预防。

事故处理后,还必须提交完整的事故处理报告,其内容包括:事故调查的原始资料、测试数据;事故的原因分析、论证;事故处理的依据;事故处理方案、方法及技术措施;检查验收记录;事故无需处理的论证;以及事故处理结论等。

6 施工现场成本管理

6.1 施工成本管理概念

6.1.1 成本

成本一般是指为进行某项生产经营活动(如材料采购、产品生产、劳务供应、工程建设等)所发生的全部费用。成本可以分为广义成本和狭义成本两种。广义成本是指企业为实现生产经营目的而取得各种特定资产(固定资产、流动资产、无形资产和制造产品)或劳务所发生的费用支出,它包含了企业生产经营过程中一切对象化的费用支出。狭义成本是指为制造产品而发生的支出。狭义成本的概念强调成本是以企业生产的特定产品为对象来归集和计算的,是为生产一定种类和一定数量的产品所应负担的费用。这里讨论狭义成本的概念,狭义成本即产品成本,它有多种表述形式:

(1)产品成本是以货币形式表现的、生产产品的全部耗费或花费在产品上的全部生产费用。

(2)产品成本是为生产产品所耗费的资金总和。生产产品需要耗费占用在劳动对象上的资金,如原材料的耗费;需要耗费占用在劳动手段上的资金,如设备的折旧;需要耗费占用在劳动者身上的资金,如生产工人的工资及福利费。为生产产品所耗费的资金总和即为产品成本。

(3)产品成本是企业在一定时期内为生产一定数量的合格产品所支出的生产费用。这个定义有时间条件约束和数量条件约束,比较严谨,不同时期发生的费用分属于不同时期的产品,只有在本期间内为生产本产品而发生的费用才能构成该产品成本(即符合配比原则)。企业在一定期间内的生产耗费称为生产费用,生产费用不等于产品成本,只有具体发生在一定数量产品上的生产费用,才能构成该产品的成本,生产费用是计算产品成本的基础。

6.1.2 施工成本

施工成本是指建筑业企业以项目作为成本核算对象的施工过程中所耗费的生产资料转移价值和劳动者的必要劳动所创造的价值的货币形式。也是指,某项目在施工中所发生的全部生产费用的总和,包括所消耗的主、辅材料,构配件,周转材料的摊销费或租赁费,施工机械的台班费或租赁费,支付给生产工人的工资、奖金以及项目经理部(或分公司、工程处)一级为组织和管理工程施工所发生的全部费用支出。施工成本不包括劳动者为社会所创造的价值(如税金和计划利润),也不应包括不构成工程项目价值的一切非生产性支出。明确这些,对研究施工成本的构成和进行施工成本管理是非常重要的。

施工成本是建筑业企业的产品成本,一般以项目的单位工程作为成本核算对象,通过各单位工程成本核算的综合来反映工程施工成本。

6.1.3　施工成本管理

施工成本管理是企业的一项重要的基础管理,是指施工企业结合本行业的特点,以施工过程中直接耗费为对象,以货币为主要计量单位,对项目从开工到竣工所发生的各项收、支进行全面系统的管理,以实现项目施工成本最优化目的的过程。它包括落实项目施工责任成本,制定成本计划、分解成本指标,进行成本控制、成本核算、成本考核和成本监督的全过程。

6.2　施工成本管理基础知识

6.2.1　施工成本管理的特点

1. 事先能动性

施工成本管理不是通常意义上的会计成本核算,后者只是对实际发生成本的记录、归集与计算,表现为对成本结果的事后管理,并成为对下一循环的控制依据。由于施工项目管理具有一次性的特点,这就要求施工成本管理必须是事先的、能动性的、自为的管理。

2. 综合优化性

施工成本管理的综合优化是指避免把施工成本管理作为单独的工作加以对待,而是运用事物相互联系、相互作用的观点,把施工成本管理作为项目管理系统中一个有机的子系统来看待,此种特征是由施工成本管理在施工项目管理中的特殊地位决定的。

3. 动态跟踪性

所谓动态跟踪,就是指施工成本管理必须对事先所设定的成本目标,以及相应措施的实施过程自始至终进行监督、控制与调整、修正。

4. 内容适应性

施工成本管理的内容是由施工项目管理对象范围决定的。它与企业成本管理的对象范围既有联系,又有差异。因此对施工成本管理的成本项目、核算台账、核算办法等须进行深入的研究,不能盲目地要求与企业成本核算对口。

6.2.2　施工成本管理的原则

根据近年来工程建设实践,通过对一些施工企业在成本管理方面的成功经验进行总结。工程施工成本控制是施工成本管理的主要工作,工程施工成本管理应遵循以下原则:

1. 领导者推动原则

企业的领导者是企业成本的责任人,必然是工程项目施工成本的责任人。领导者应该制定施工成本管理的方针和目标,组织施工成本管理体系的建立和保持,创造使企业全体员工能充分参与项目施工成本管理、实现企业成本目标的良好内部环境。

2. 以人为本,全员参与原则

施工成本管理的每一项工作、每一个内容都需要相应的人员来完善,抓住本质,全面提高人的积极性和创造性,是搞好施工成本管理的前提。施工成本管理工作是一项系统工程,项目的进度管理、质量管理、安全管理、施工技术管理、物资管理、劳务管理、计划统计、财务管理等一系列管理工作都关联到施工成本,施工成本管理是项目管理的中心工作,必须让企业全体人员共同参与。只有如此,才能保证施工成本管理工作顺利地进行。

3. 目标分解,责任明确原则

施工成本管理的工作业绩最终要转化为定量指标,而这些指标的完成是通过各级各个岗位的工作实现的,为明确各级各岗位的成本目标和责任,就必须进行指标分解。企业确定工程项目责任成本指标和成本降低率指标,是对工程成本进行了一次目标分解。企业的责任是降低企业管理费用和经营费用,组织项目经理部完成施工项目责任成本指标。项目经理部还要对施工项目责任成本指标和成本降低率目标进行二次目标分解,根据岗位不同、管理内容不同,确定每个岗位的成本目标和所承担的责任。把总目标进行层层分解,落实到每一个人,通过每个指标的完成来保证总目标的实现。施工成本管理涉及施工管理的方方面面,而它们之间又相互联系、相互影响的。必须要发挥项目管理的集体优势,协同工作,才能完成施工成本管理这一系统工程。

4. 管理层次与管理内容的一致性原则

施工成本管理是企业各项专业管理的一个部分,从管理层次上讲,企业是决策中心、利润中心,项目是企业的生产场地,是企业的生产车间,行业的特点是大部分的成本耗费在此发生,因此它是成本中心,这就必须建立一套适合于企业的管理机制,以保证管理层次与管理内容的一致性,最终实现企业成本管理的目标。

5. 实事求是的原则

施工成本管理应遵循动态性、及时性、准确性原则即实事求是原则。

施工成本管理是为了实现施工成本目标而进行的一系列管理活动,是对施工成本实际开支的动态管理过程。因而动态性是施工成本管理的属性之一。进行施工成本管理的过程是不断调整施工成本支出与计划目标的偏差,使施工成本支出基本与目标一致。这就需要进行施工成本的动态管理,它决定了施工成本管理不是一次性的工作,而是施工项目全过程每日每时都在进行的工作。施工成本管理需要及时、准确地提供成本核算信息,不断反馈,为上级部门或项目经理进行施工成本管理提供科学的决策依据。如果信息的提供严重滞后,就起不到及时纠偏、亡羊补牢的作用。施工成本管理所编制的各种施工计划、消耗量计划,统计的各项消耗、各项费用支出,必须是实事求是的、准确的。如果计划的编制不准确,各项成本管理就失去了基准;如果各项统计不实事求是、不准确,成本核算就不能真实反映,出现虚盈或虚亏,只能导致决策失误。因此,确保施工成本管理的动态性、及时性、准确性是施工成本管理的灵魂,否则,施工成本管理就只能是纸上谈兵,流于形式而已。

6. 过程控制与系统控制原则

施工成本是由施工过程的各个环节的资源消耗形成的。因此,施工成本的控制必须采用过程控制方法,分析每一个过程影响成本的因素,制订工作程序和控制程序,使之时时处于受控状态。施工成本形成的每一个过程又是与其他过程互相关联的,一个过程成本的降低,可能会引起关联过程成本的提高。因此,施工成本的管理必须遵循系统控制的原则,进行系统分析,制订过程的工作目标必须从全局利益出发,不能为了小团体的利益,损害了集体利益。

6.2.3 施工成本管理的内容

施工成本管理的内容包括:成本计划;成本控制;成本核算;成本分析和成本考核等。建设工程项目经理部在项目施工过程中对所发生的各种成本信息,通过有组织、有系统地进行计划、控制、核算和分析等工作,使工程项目系统内各种要素按照一定的目标运行,从而将工程项目的实际成本控制在预定的计划成本范围内。

1. 成本计划

施工成本计划是项目经理部对项目施工成本进行计划管理的工具。它是以货币形式编制工程项目在计划期内的生产费用、成本水平、成本降低率,以及为降低成本所采取的主要措施和规划的书面方案,它是建立施工成本管理责任制、开展成本控制和核算的基础。一般来说,一个施工成本计划应包括从开工到竣工所必需的施工成本,它是降低施工成本的指导文件,是设立目标成本的依据。

2. 成本控制

施工成本控制是指在施工过程中,对影响施工成本的各种因素加强管理,并采取各种有效措施,将施工中实际发生的各种消耗和支出严格控制在成本计划范围内,随时揭示并及时反馈,严格审查各项费用是否符合标准、计算实际成本和计划成本之间的差异并进行分析,消除施工中的损失浪费现象,发现和总结先进经验。通过成本控制,使之最终实现甚至超过预期的成本节约目标。施工成本控制应贯穿在工程项目从招投标阶段开始直到项目竣工验收的全过程,它是企业控制成本管理的重要环节。

3. 成本核算

施工成本核算是指项目施工过程中所发生的各种费用和形式施工成本的核算。一是按照规定的成本开支范围对施工费用进行归集,计算出施工费用的实际发生额;二是根据成本核算对象,采用适当的方法,计算出该工程项目的总成本和单位成本。施工成本核算所提供的各种成本信息,是成本预测、成本计划、成本控制、成本分析和成本考核等各个环节的依据。因此,加强施工成本核算工作,对降低施工成本、提高企业的经济效益有积极的作用。

4. 成本分析

施工成本分析是在成本形成过程中,对施工成本进行的对比评价和剖析总结工作,它贯穿于施工成本管理的全过程,也就是说施工成本分析主要利用工程项目的成本核算资料(成本信息),与目标成本(计划成本)、预算成本,以及类似的工程项目的实际成本等进行比较,了解成本的变动情况,同时也要分析主要技术经济指标对成本的影响,系统地研究成本变动的因素,检查成本计划的合理性,并通过成本分析,深入揭示成本变动的规律,寻找降低施工成本的途径,以便有效地进行成本控制。

5. 成本考核

成本考核是指在项目完成后,对施工成本形成中的各责任者,按施工成本目标责任制的有关规定,将成本的实际指标与计划、定额、预算进行对比和考核,评定施工成本计划的完成情况和各责任者的业绩,并以此给以相应的奖励和处罚。通过成本考核,做到有奖有惩,赏罚分明,才能有效地调动企业的每一个职工在各自的施工岗位上努力完成目标成本的积极性,为降低施工成本和增加企业的积累作出自己的贡献。

建设工程施工成本管理中每一个环节都是相互联系和相互作用的。成本预测是成本决策的前提,成本计划是成本决策所确定目标的具体化。成本控制则是对成本计划的实施进行监督,保证决策的成本目标实现,而成本核算又是成本计划是否实现的最后检验,它所提供的成本信息又对下一个施工成本预测和决策提供基础资料。成本考核是实现成本目标责任制的保证和实现决策目标的重要手段。

6.2.4　施工成本管理的具体措施

为了取得施工成本管理的理想成果,应当从多方面采取措施实施管理,通常可以将这些措施归纳为组织措施、技术措施、经济措施、合同措施四个方面。

1. 组织措施

组织措施是从施工成本管理的组织方面采取的措施。施工成本控制是全员的活动,如实行项目经理责任制,落实施工成本管理的组织机构和人员,明确各级施工成本管理人员的任务和职能分工、权力和责任。施工成本管理不仅是专业成本管理人员的工作,各级项目管理人员都负有成本控制责任。

组织措施的另一方面是编制施工成本控制工作计划、确定合理详细的工作流程。要做好施工采购规划,通过生产要素的优化配置、合理使用、动态管理、有效控制实际成本;加强施工定额管理和任务单管理,控制活劳动和物化劳动的消耗;加强施工调度,避免因施工计划不周和盲目调度造成窝工损失、机械利用率降低、物料积压等而使施工成本增加;成本控制工作只有建立在科学管理的基础之上,具备合理的管理体制,完善的规章制度,稳定的作业秩序,完整准确的信息传递,才能取得成效。组织措施是其他各类措施的前提和保障,而且一般不需要增加什么费用,运用得当可以收到良好的效果。

2. 技术措施

技术措施不仅对解决施工成本管理过程中的技术问题是不可缺少的,而且对纠正施工成本管理目标偏差也有相当重要的作用。运用技术措施的关键,一是要能提出多个不同的技术方案,二是要对不同的技术方案进行技术经济分析。

施工过程中降低成本的技术措施,包括如进行技术经济分析,确定最佳的施工方案。结合施工方法,进行材料使用的比选,在满足功能要求的前提下,通过迭代、改变配合比、使用添加剂等方法降低材料消耗的费用。确定最合适的施工机械、设备的使用方案。结合项目的施工组织设计及自然地理条件,降低材料的库存成本和运输成本。先进的施工技术的应用,新材料的运用,新开放机械设备的使用等。在实践中,也要避免仅从技术角度选定方案而忽视对其经济效果的分析论证。

3. 经济措施

经济措施是最易为人们所接受和采取的措施。管理人员应编制资金使用计划,确定、分解施工成本管理目标。对施工成本管理目标进行风险分析,并制定防范性对策。对各项支出,应认真做好资金的使用计划,并在施工中严格控制各项开支。及时准确地记录、收集、整理、核算实际发生的成本。对各种变更,及时做好增减账,及时落实业主签证,及时结算工资款。通过偏差分析和未完施工成本预测,可发现一些潜在问题将引起未完工程施工成本的增加,对这些问题应以主动控制为出发点,及时采取预防措施。由此可见,经济措施的运用绝不仅仅是财务人员的事情。

4. 合同措施

采取合同措施控制施工成本,应贯穿整个合同周期,包括从合同谈判开始到合同终止的全过程。首先是选用合适的合同结构,对各种合同结果模式进行分析、比较,在合同谈判时,要争取选用适合于工程规模、性质和特点的合同结构模式。其次,在合同条款中应仔细考虑一切影响成本和效益的因素,特别是潜在的风险因素。通过对引起成本变动的风险因素的识别和分析,采取必要的风险对策,如:通过合理的方式,增加承担风险的个体数量,降低损失发生的比例,并最终使这些策略反映在合同的具体条款中。在合同执行期间,合同管理的措施既要密切关注对方合同执行情况,与寻求合同索赔的机会、同时也要密切关注自己合同履行的情况,以避免被对方索赔。

6.2.5 工程施工成本管理与企业成本管理的联系与区别

工程施工成本是指企业发生的按照项目核算的成本,其成本核算的对象是指具体的工程项目;施工成本管理的目的是确保工程项目在预定的成本范围内完成企业交付的任务;其成本管理的责任由项目经理部负全责。

企业成本是企业正常生产运营必须投入的成本,其成本核算的对象是整个承包企业,既包括其下属的各个项目经理部,也包括为工程承包服务的附属企业及企业各职能部门;企业成本管理的任务是把整个企业的成本、费用控制在预定计划之内,成本管理强调部门成本责任,涉及各个职能部门与机构。

(1)管理对象不同的施工成本管理的对象是具体的某个施工项目,它只对该项目所发生的各项费用予以控制;只对施工项目的成本进行核算。

企业成本管理的对象是整个企业,它既包括各个项目经理部,也包括为施工生产服务的附属企业以及企业各职能部门。

(2)管理任务不同的施工成本管理的任务是在企业健全的成本管理经济责任制下,以合理的工期、优质与低耗的成本建成工程项目,完成企业下达的管理目标。

企业成本管理则是依据整个企业的现状与水平,通过对资源、费用的合理调配及生产任务的合理摊派,使整个企业的成本与费用在一定时期内控制在预定的计划内。

(3)管理方式不同的施工成本管理是在项目经理责任制下的一项重要的项目管理职能,它是在施工现场进行的,与施工过程的质量、工期等各项管理是同步的,管理及时、到位。

企业成本管理是按行政手段的管理,层次多,部门也多,管理也不在现场,而是由部门参与管理,成本管理和施工过程在时间与空间上分离,管理不及时、不到位、不落实。

(4)管理责任不同的施工成本管理是由施工项目经理全面负责的,项目的盈亏与项目经理部的全体人员经济责任挂钩。

企业成本管理强调部门成本责任制,成本管理涉及各个职能部门与各个施工单位,难以协调。

6.3 建筑工程施工成本计划

项目经理在组织编制成本计划时,不仅要确定项目要达到的降低成本水平,而且也要组织制定措施与实现的具体方案和规划,目的是最大限度地节约人力物力,保质保量完成项目建设。编制成本计划是为了实现项目管理计划职能,提前发现问题,使之有序地达到预期成本目标,是项目总计划的重要构成部分。

成本计划是把各分部分项工程成本控制目标与要求、各成本要素的控制目标与要求,落实到成本控制的责任者。项目经理要对确定的成本控制目标、方法措施不断进行检查、督促与改善。

(1)企业按下列程序确定项目经理部的责任目标成本:

1)在施工合同签订以后,由企业根据合同造价、施工图与招标文件中的工程量清单,确定正常情况下的企业管理费、财务费用与制造成本;

2)把正常情况下的制造成本确定为项目经理的可控成本,以形成项目经理的责任目标成本。

(2)项目经理部应依据下列文件编制施工成本计划:

1)招标和合同文件;

2)工程量清单;

3)项目管理目标责任书;

4)项目管理实施规划;

5)相关定额;

6)市场价格信息;

7)类似项目的成本资料。

(3)编制成本计划的要求。

1)由项目经理部负责编制,报分公司或公司批准。

2)自下而上分级编制并且逐层汇总。

3)反映各成本项目指标与降低成本指标。

(4)成本计划的具体内容。

1)编制说明包括工程范围、招标文件要求与合同条件、承包人对项目经理提出的责任成本目标、施工成本计划编制的指导思想与依据等。

2)目标成本计划的指标应经过科学的分析预测确定,可采用对比法、因素分析法等进行测定。

3)按成本性质划分的单位工程成本汇总表,依据清单项目的造价分析,分别对人工费、机械费、材料费、措施费、企业管理费与税费进行汇总,形成单位工程成本计划表。

4)项目计划成本应该在项目实施方案确定与不断优化的前提下进行编制,因为不同的实施方案将导致直接工程费、措施费与企业管理费的差异。成本计划的编制是施工成本预控的重要手段,因此,应该在工程开工前编制完成,以便将计划成本目标分解落实。成本计划需全面分解工程量清单,层层落实至每一个人。项目经理部依据成本计划,由各主管部门以及主管人员对自己分管工作做好支出控制计划,各部门各司其职,真正将责、权、利落实到项目部的每一名成员,为各项成本的执行提供明确的目标、控制手段与管理措施。

编制施工成本计划,需要与设计、技术、生产、材料、劳资等部门的计划密切配合,综合反映项目的预期经济效果。

(5)范例。

1)项目费用估算表填写范例,见表6.1。

表6.1 项目费用估算表

项目部:×××工程项目部 编号:×××

序号	项目名称	单位	单价	数量	费用	备注
1	挖基础土方	m^3	15.69	80.00	1255.2	

项目经理:××× 制表人:××× 填表日期:××年×月×日

2)建筑安装直接费成本计划表填写范例,见表6.2。

表6.2 建筑安装直接费成本计划表 (单位:万元)

成本项目	预算成本	计划成本	降低额	降低率/%
人工费	306.5	306	0.5	0.29
材料费	1 713.2	1 652	61.2	1.93
机械使用费	130.4	120.8	9.6	3.76
其他直接费	41.5	41.5	—	—
现场经费	93.1	82.5	10.6	14.43
工程成本合计	2 065.6	2 015.6	50	2.42

6.4 建筑工程施工成本控制

6.4.1 施工成本控制的概念

施工成本控制,是指项目经理部在施工成本形成的过程中,为控制人、机、材消耗和费用支出,降低工程成本,达到预期的施工成本目标,所进行的成本预测、计划、实施、核算、分析、考核、整理成本资料与编制成本报告等一系列活动。

建筑工程施工成本控制是在成本发生和形成的过程中,对成本进行的监督检查。成本的发生和形成是一个动态的过程,这就决定了成本的控制也应该是一个动态过程,因此,也可称为成本的过程控制。

6.4.2　施工成本控制的重要性

由于项目管理是一次性行为,它的管理对象只有一个工程项目,且将随着项目建设的完成而结束其历史使命。在施工期间,施工成本能否降低,有无经济效益,得失在此一举,别无回旋余地,因此有很大的风险性。为了确保施工成本必盈不亏,成本控制不仅必要,而且必须做好。

建筑工程施工成本控制的目的,在于降低施工成本,提高经济效益。然而施工成本的降低,除了控制成本支出以外,还必须增加工程预算收入。因为,只有在增加收入的同时节约支出,才能提高施工成本的降低水平。

施工成本控制的重要性,具体可表现为以下几个方面。

1. 监督工程收支,实现计划利润

在投标阶段分析的利润仅仅是理论计算而已,只有在实施过程中采取各种措施监督工程的收支,才能保证计划利润变为现实的利润。

2. 做好盈亏预测,指导工程实施

根据单位成本增高和降低的情况,对各分部项目的成本增降情况进行计算,不断对工程的最终盈亏做出预测,指导工程实施。

3. 分析收支情况,调整资金流动

根据工程实施中情况和成本增降的预测,对流动资金需要的数量和时间进行调整,使流动资金更符合实际,从而可供筹集资金和偿还借贷资金参考。

4. 积累资料,指导今后投标

为实施过程中的成本统计资料进行积累并分析单项工程的实际成本,用来验证原来投标计算的正确性。所有这些资料均是十分宝贵的,特别是对该地区继续投标承包新的工程,有着十分重要的参考价值。

6.4.3　施工成本控制的要求

施工成本控制应满足下列要求:

(1)要按照计划成本目标值来控制生产要素的采购价格,并认真做好材料、设备进场数量和质量的检查、验收与保管。

(2)要控制生产要素的利用效率和消耗定额,如任务单管理、限额领料、验工报告审核等。同时要做好不可预见成本风险的分析和预控,包括编制相应的应急措施等。

(3)控制影响效率和消耗量的其他因素(如工程变更等)所引起的成本增加。

(4)把施工成本管理责任制度与对项目管理者的激励机制结合起来,以增强管理人员的成本意识和控制能力。

(5)承包人必须有一套健全的项目财务管理制度,按规定的权限和程序对项目资金的使用和费用的结算支付进行审核、审批,使其成为施工成本控制的一个重要手段。

6.4.4　施工成本控制的程序

成本发生和形成过程的动态性,决定了成本的过程控制必然是一个动态的过程。根据成本过程控制的原则和内容,重点控制的是进行成本控制的管理行为是否符合要求,作为成本管理业绩体现的成本指标是否在预期范围之内,因此,要搞好成本的过程控制,就必须有标准化、规范化的过程控制程序。

建筑工程施工成本控制应遵循下列程序:

(1)收集实际成本数据。

(2)对实际成本数据与成本计划目标进行比较。

(3)分析成本偏差及原因。

(4)采取措施纠正偏差。

(5)必要时修改成本计划。

(6)按照规定的时间间隔编制成本报告。

6.4.5　施工成本控制的依据

1.项目承包合同文件

施工成本控制要以工程承包合同为依据,围绕降低工程成本目标,努力挖掘增收节支潜力,以求获得最大的经济效益。

2.施工成本计划

施工成本计划是根据工程项目的具体情况制定的施工成本控制方案,既包括预定的具体成本控制目标,又包括实现控制目标的措施和规划,是施工成本控制的指导文件。

3.进度报告

进度报告提供了每一时刻工程实际完成量,工程施工成本实际支付情况等重要信息。施工成本控制工作通过实际情况与施工成本计划相比较,找出二者之间的差别,分析偏差产生的原因,从而采取措施改进以后的工作。进度报告还有助于管理者及时发现工程实施中存在的隐患,并在事态还未造成重大损失之前采取有效措施,尽量避免损失。

4.工程变更与索赔资料

在项目的实施过程中,由于各方面的原因,工程变更是很难避免的。工程变更一般包括设计变更、进度计划变更、施工条件变更、技术规范与标准变更、施工次序变更、工程数量变更等。一旦出现变更,工程量、工期、成本都必将发生变化,从而使得施工成本控制工作变得更加复杂和困难。因此,施工成本管理人员应当通过对变更要求当中各类数据的计算、分析,随时掌握变更情况,包括已发生工程量、将要发生工程量、工期是否拖延、支付情况等重要信息,判断变更以及变更可能带来的索赔额度等。

除了上述几种施工成本控制工作的主要依据以外,有关施工组织设计、分包合同文本等也都是建设工程施工成本控制的依据。

6.4.6　施工成本控制的原则

建筑工程项目施工成本控制是在成本发生和形成的过程中,对成本进行的监督检查。

成本控制原则如下。

1. 全面控制原则

(1)全员控制。

1)建立全员参加的责、权、利相结合的项目成本控制责任体系。

2)项目经理、各部门、施工队、班组人员都负有成本控制的责任,在一定的范围内享有成本控制的权利,在成本控制方面的业绩与工资奖金挂钩,从而形成一个有效的成本控制责任网络。

(2)全过程控制。

1)成本控制贯穿项目施工过程的每一个阶段。

2)每一项经济业务都要纳入成本控制的轨道。

3)经常性成本控制通过制度保证,不常发生的“例外问题”也要有相应措施控制,不能疏漏。

2. 动态控制原则

(1)项目施工是一次性行为,其成本控制应更重视事前、事中控制。

(2)在施工开始之前进行成本预测,确定成本目标,编制成本计划,制订或修订各种消耗定额和费用开支标准。

(3)施工阶段重在执行成本计划,落实降低成本措施,实行成本目标管理。

(4)成本控制随施工过程连续进行,与施工进度同步,不能时紧时松,不能拖延。

(5)建立灵敏的成本信息反馈系统,使成本责任部门(人员)能及时获得信息,纠正不利成本偏差。

(6)制止不合理开支,把可能导致损失和浪费的因素消灭在萌芽状态。

(7)竣工阶段成本盈亏已成定局,主要进行整个项目的成本核算、分析、考评。

3. 目标管理原则

目标管理是贯彻执行计划的一种方法,它把计划的方针、任务、目的和措施等逐一加以分解,提出进一步的具体要求,并分别落实到执行计划的部门、单位甚至个人。

4. 责、权、利相结合原则

要使成本控制真正发挥及时有效的作用,必须严格按照经济责任制的要求,贯彻责、权、利相结合的原则。实践证明,只有责、权、利相结合的成本控制,才是名实相符的施工成本控制。

5. 创收与节约相结合原则

(1)施工生产既是消耗资财人力的过程,也是创造财富增加收入的过程,其成本控制也应坚持增收与节约相结合的原则。

(2)作为合同签约依据,编制工程预算时,应“以支定收”,保证预算收入;在施工过程中,要“以收定支”,控制资源消耗和费用支出。

(3)每发生一笔成本费用,都要核查是否合理。

(4)经常性的成本核算时,要进行实际成本与预算收入的对比分析。

(5)抓住索赔时机,搞好索赔、合理力争甲方给予经济补偿。

(6)严格控制成本开支范围,费用开支标准和有关财务制度,对各项成本费用的支出进行限制和监督。

(7)提高工程项目的科学管理水平、优化施工方案,提高生产效率、节约人、财、物的消耗。

(8)采取预防成本失控的技术组织措施,制止可能发生的浪费。

(9)施工的质量、进度、安全都对工程成本有很大的影响,因而成本控制必须与质量控制、进度控制、安全控制等工作相结合、相协调,避免返工(修)损失,降低质量成本,减少并杜绝工程延期违约罚款、安全事故损失等费用支出发生。

(10)坚持现场管理标准化,堵塞浪费的漏洞。

6.开源与节流相结合原则

降低施工成本,需要一面增加收入,一面节约支出。因此,每发生一笔金额较大的成本费用,都要查一查有无与其相对应的预算收入,是否支大于收。

6.5 建筑工程施工成本核算

6.5.1 施工成本核算的概念

施工成本核算是在项目法施工条件下诞生的,是企业探索适合行业特点管理方式的一个重要体现。它是建立在企业管理方式和管理水平基础上,适合施工企业特点的一个降低成本开支、提高企业利润水平的主要途径。

项目法施工的成本核算体系是以工程项目为对象,对施工生产过程中各项耗费进行的一系列科学管理活动。它对加强项目全过程管理、理顺项目各层经济关系、实施项目全过程经济核算、落实项目责任制、增进项目及企业的经济活力和社会效益、深化项目法施工有着重要作用。项目法施工的成本核算体系,基本指导思想是以提高经济效益为目标,按项目法施工内在要求,通过全面全员的施工成本核算,优化项目经营管理和施工作业管理,建立适应市场经济的企业内部运行机制。

6.5.2 施工成本核算对象的划分

施工成本核算一般以每一独立编制施工图预算的单位工程为对象,但也可以按照承包工程项目的规模、工期、结构类型、施工组织和施工现场等情况,结合成本控制的要求,灵活划分成本核算对象。一般说来有以下几种划分核算对象的方法:

(1)一个单位工程由几个施工单位共同施工时,各施工单位都应以同一单位工程为成本核算对象,各自核算自行完成的部分。

(2)规范大、工期长的单位工程,可以将工程划分为若干部位,以分部位的工程作为成本核算对象。

(3)同一建设项目,由同一施工单位施工,并在同一施工地点,属于同一建设项目的各个单位工程合并作为一个成本核算对象。

(4)改建、扩建的零星工程,可根据实际情况和管理需要,以一个单项工程为成本核算对象,或将同一施工地点的若干个工程量较少的单项工程合并作为一个成本核算对象。

6.5.3 施工成本核算的基本要求

施工成本核算的基本要求如下：

(1)项目经理部应根据财务制度和会计制度的有关规定，建立施工成本核算制，明确施工成本核算的原则、范围、程序、方法、内容、责任及要求，并设置核算台账，记录原始数据。

(2)项目经理部应按照规定的时间间隔进行施工成本核算。

(3)施工成本核算应坚持形象进度、产值统计、成本归集三同步的原则。

(4)项目经理部应编制定期成本报告。

6.5.4 施工成本核算的原则

为了发挥施工项目成本管理职能，提高施工项目管理水平，施工项目成本核算就必须讲求质量，才能提供对决策有用的成本信息。要提高成本核算质量，除了建立合理、可行的施工项目成本管理系统外，很重要的一条，就是遵循成本核算的原则。概括起来一般有以下几条。

1. 确认原则

在施工成本管理中对各项经济业务中发生的成本，都必须按一定的标准和范围加以认定和记录。只要是为了经营目的所发生的或预期要发生的，并要求得以补偿的一切支出，都应作为成本来加以确认。正确的成本确认往往与一定的成本核算对象、范围和时期相联系，并必须按一定的确认标准来进行。这种确认标准具有相对的稳定性，主要侧重定量，但也会随着经济条件和管理要求的发展而变化。在成本核算中，往往要进行再确认，甚至是多次确认。如确认是否属于成本，是否属于特定核算对象的成本（如临时设施先算搭建成本，使用后算摊销费）以及是否属于核算当期成本等。

2. 分期核算原则

施工生产是川流不息的，项目为了取得一定时期的施工成本，就必须将施工生产活动划分若干时期，并分期计算各期施工成本。成本核算的分期应与会计核算的分期相一致，这样便于财务成果的确定。但要指出，成本的分期核算，与施工成本计算期不能混为一谈。不论生产情况如何，成本核算工作，包括费用的归集和分配等都必须按月进行。至于已完施工成本的结算，可以是定期的，按月结转；也可以是不定期的，等到工程竣工后一次结转。

3. 相关性原则

成本核算要为施工成本管理目标服务，成本核算不只是简单的计算问题，要与管理融于一体，算为管用。所以，在具体成本核算方法、程度和标准的选择上，在成本核算对象和范围的确定上，应与施工生产经营特点和成本管理要求特性结合，并与项目一定时期的成本管理水平相适应。正确地核算出符合项目管理目标的成本数据和指标，真正使施工成本核算成为领导的参谋和助手。无管理目标，成本核算是盲目和无益的，无决策作用的成本信息是没有价值的。

4. 一贯性原则

施工成本核算所采用的方法一经确定，不得随意变动。只有这样，才能使企业各期成本核算资料口径统一，前后连贯，相互可比。成本核算办法的一贯性原则体现在各个方面，如耗用材料的计价方法，折旧的计提方法，施工间接费的分配方法，未施工的计价方法等。坚持一贯性原则，并不是一成不变，如确有必要变更，要有充分的理由对原成本核算方法进行改变的必要性作出解释，并说明这种改变对成本信息的影响。如果随意变动成本核算方法，并不加以说明，则有对成本、利润指标、盈亏状况弄虚作假的嫌疑。

5. 实际成本核算原则

要采用实际成本计价。采用定额成本或者计划成本方法的，应当合理计算成本差异，月终编制会计报表时，调整为实际成本。即必须根据计算期内实际产量（已完工程量）以及实际消耗和实际价格计算实际成本。

6. 及时性原则

及时性原则是指施工成本的核算、结转和成本信息的提供应当在所要求的时期内完成。要指出的是，成本核算及时性原则，并非越快越好，而是要求成本核算和成本信息的提供，以确保真实为前提，在规定时期内核算完成，在成本信息尚未失去时效的情况下适时提供，确保不影响项目其他环节核算工作的顺利进行。

7. 配比原则

配比原则是指营业收入与其对应的成本、费用应当相互配合。为取得本期收入而发生的成本和费用，应与本期实现的收入在同一时期内确认入账，不得脱节，也不得提前或延后。以便正确计算和考核项目经营成果。

8. 权责发生制原则

凡是当期已经实现的收入和已经发生或应当负担的费用，不论款项是否收付，都应作为当期的收入或费用处理；凡是不属于当期的收入和费用，即使款项已经在当期收付，都不应作为当期的收入和费用。权责发生制原则主要从时间选择上确定成本会计确认的基础，其核心是根据权责关系的实际发生和影响期间来确认企业的支出和收益。

9. 谨慎原则

谨慎原则是指在市场经济条件下，在成本、会计核算中应当对项目可能发生的损失和费用，作出合理预计，以增强抵御风险的能力。

10. 划分收益性支出与资本性支出原则

划分收益性支出与资本性支出是指成本、会计核算应当严格区分收益性支出与资本性支出界限，以正确地计算当期损益。所谓收益性支出是指该项目支出发生是为了取得本期收益，即仅仅与本期收益的取得有关，如支付工资、水电费支出等。所谓资本性支出是指不仅为取得本期收益而发生的支出，同时该项支出的发生有助于以后会计期间的支出，如构建固定资产支出。

11. 重要性原则

重要性原则是指对于成本有重大影响的业务内容，应作为核算的重点，力求精确，而对于那些不太重要的琐碎的经济业务内容，可以相对从简处理，不要事无巨细，均作详细核算。坚持重要性原则能够使成本核算在全面的基础上保证重点，有助于加强对经济活动和经营决策有重大影响和有重要意义的关键性问题的核算，达到事半功倍，简化核算，节约人力、财力、物力，提高工作效率的目的。

12. 明晰性原则

明晰性原则是指施工成本记录必须直观、清晰、简明、可控、便于理解和利用，使项目经理和项目管理人员了解成本信息的内涵，弄懂成本信息的内容，便于信息利用，有效地控制本项目的成本费用。

6.5.5　施工成本核算的方法

成本的核算过程，实际上也是各成本项目的归集和分配的过程。成本的归集是指通过一定的会计制度，以有序的方式进行成本数据的搜集和汇总；而成本的分配是指将归集的间接成本分配给成本对象的过程，也称间接成本的分摊或分派。

1. 人工费核算

内包人工费，按月估算计入项目单位工程成本。外包人工费，按月凭项目经济员提供的"包清工工程款月度成本汇总表"预提计入项目单位工程成本。上述内包、外包合同履行完毕，根据分部分项的工期、质量、安全、场容等验收考核情况，进行合同结算，以结账单按实据以调整项目的实际值。

2. 材料费核算

(1)工程耗用的材料，根据限额领料单、退料单、报损报耗单，大堆材料耗用计算单等，由项目料具员按单位工程编制"材料耗用汇总表"，据以计入施工成本。

(2)钢材、水泥、木材高进高出价差核算。

1)标内代办。指"三材"差价列入工程预算账单内作为造价组成部分。由项目成本员按价差发生额，一次或分次提供给项目负责统计的经济员报出产值，以便及时回收资金。月度结算成本时，为谨慎起见可不作降低，而作持平处理，使预算与实际同步。单位工程竣工结算，按实际消耗量调整实际成本。

2)标外代办。指由建设单位直接委托材料分公司代办三材，其发生的"三材"差价，由材料分公司与建设单位按代办合同口径结算。项目经理部不发生差价，亦不列入工程预算账单内，不作为造价组成部分，可作类似于交料平价处理。项目经理部只核算实际耗用超过设计预算用量的那部分量差及应负担市场高进高出的差价，并计入相应的项目单位工程成本。

(3)一般价差核算。

1)提高项目材料核算的透明度，简化核算，做到明码标价。

2)钢材、水泥、木材、玻璃、沥青按实际价格核算，高于预算取费的差价，高进高出，谁用谁负担。

3)装饰材料按实际采购价作为计划价核算，计入该施工成本。

4)项目对外自行采购或按定额承包供应材料，如砖、瓦、砂、石、小五金等，应按实际采购价或按议定供应价格结算，由此产生的材料、成本差异节超，相应增减施工成本。

3. 周转材料费核算

(1)周转材料实行内部租赁制，以租费的形式反映其消耗情况，按"谁租用谁负担"的原则,核算其施工成本。

(2)按周转材料租赁办法和租赁合同,由出租方与项目经理部按月结算租赁费。租赁费按租用的数量、时间和内部租赁单价计算计入施工成本。

(3)周转材料在调入移出时,项目经理部都必须加强计量验收制度,如有短缺、损坏,一律按原价赔偿,计入施工成本(缺损数=进场数-退场数)。

(4)租用周转材料的进退场运费,按其实际发生数,由调入项目负担。

(5)对U形卡、脚手扣件等零件除执行项目租赁制外,考虑到其比较容易散失的因素,故按规定实行定额预提摊耗,摊耗数计入施工成本,相应减少次月租赁基数及租赁费。单位工程竣工,必须进行盘点,盘点后的实物数与前期逐月按控制定额摊耗后的数量差,按实调整清算计入成本。

(6)实行租赁制的周转材料,一般不再分配负担周转材料差价。

4. 结构件费核算

(1)项目结构件的使用必须要有领发手续,并根据这些手续,按照单位工程使用对象编制"结构件耗用月报表"。

(2)项目结构件的单价,以项目经理部与外加工单位签订的合同为准,计算耗用金额进入成本。

(3)根据实际施工形象进度、已完施工产值的统计、各类实际成本报耗三者在月度时点上的三同步原则(配比原则的引申与应用),结构件耗用的品种和数量应与施工产值相对应。结构件数量金额账的结存数,应与施工成本员的账面余额相符。

(4)结构件的高进高出价差核算同材料费的高进高出价差核算一致。

(5)如发生结构件的一般价差,可计入当月施工成本。

(6)部位分项分包,如铝合金门窗、卷帘门、轻钢龙骨石膏板、平顶、屋面防水等,按照企业通常采用的类似结构件管理和核算方法,项目经济员必须做好月度已完工程部分验收记录,正确计报部位分项分包产值,并书面通知施工成本员及时、正确、足额计入成本。

(7)在结构件外加工和部位分包施工过程中,项目经理部通过自身努力获取的经营利益或转嫁压价让利风险所产生的利益,均应受益于工程项目。

5. 机械使用费核算

(1)机械设备实行内部租赁制,以租赁费形式反映其消耗情况,按"谁租用谁负担"的原则,核算其施工成本。

(2)按机械设备租赁办法和租赁合同,由企业内部机械设备租赁市场与项目经理部按月结算租赁费。租赁费根据机械使用台班,停置台班和内部租赁单价计算,计入施工成本。

(3)机械进出场费,按规定由承租项目负担。

(4)项目经理部租赁的各类大中小型机械,其租赁费全额计入项目机械费成本。

(5)根据内部机械设备租赁市场运行规则要求,结算原始凭证由项目指定专人签证开班和停班数,据以结算费用。现场机、电、修等操作工奖金由项目考核支付,计入项目机械费成本并分配到有关单位工程。

(6)向外单位租赁机械,按当月租赁费用全额计入项目机械费成本。

6. **其他直接费核算**

项目施工生产过程中实际发生的其他直接费，有时并不“直接”，凡能分清受益对象的，应直接计入受益成本核算对象的工程施工—“其他直接费”，如与若干个成本核算对象有关的，可先归集到项目经理部的“其他直接费”总账科目（自行增设），再按规定的方法分配计入有关成本核算对象的工程施工—“其他直接费”成本项目内。分配方法可参照费用计算基数，以实际成本中的直接成本（不含其他直接费）扣除“三材”差价为分配依据。即人工费、材料费、周转材料费、机械使用费之和扣除高进高出价差。

（1）施工过程中的材料二次搬运费，按项目经理部向劳务分公司汽车队托运汽车包天或包月租费结算，或以运输公司的汽车运费计算。

（2）临时设施摊销费按项目经理部搭建的临时设施总价（包括活动房）除项目合同工期求出每月应摊销额，临时设施使用一个月摊销一个月，摊完为止，项目竣工搭拆差额（盈亏）按实调整实际成本。

（3）生产工具用具使用费。大型机动工具、用具等可以套用类似内部机械租赁办法以租费形式计入成本，也可按购置费用一次摊销法计入施工成本，并做好在工、用具实物借用记录，以便反复利用。工、用具的修理费按实际发生数计入成本。

（4）除上述以外的措施费内容，均应按实际发生的有效结算凭证计入施工成本。

7. **施工间接费核算**

（1）要求以项目经理部为单位编制工资单和奖金单列支工作人员薪金。项目经理部工资总额每月必须正确核算，以此计提职工福利费、工会经费、教育经费、劳保统筹费等。

（2）劳务分公司所提供的炊事人员代办食堂承包、服务，警卫人员提供区域岗点承包服务，以及其他代办服务费用计入施工间接费。

（3）内部银行的存贷款利息，计入“内部利息”（新增明细子目）。

（4）施工间接费，先在项目“施工间接费”总账归集，再按一定的分配标准计入受益成本核算对象（单位工程）“工程施工—间接成本”。

8. **分包工程成本核算**

项目经理部将所管辖的个别单位工程双包或以其他分包形式发包给外单位承包，其核算要求包括：

（1）包清工工程，如前所述纳入人工费——外包人工费内核算。

（2）部位分项分包工程，如前所述纳入结构件费内核算。

（3）双包工程，是指将整幢建筑物以包工包料的形式分包给外单位施工的工程。可根据承包合同取费情况和发包（双包）合同支付情况，即上下合同差，测定目标盈利率。月度结算时，以双包工程已完工程价款作收入，应付双包单位工程款作支出，适当负担施工间接费预结降低额。为稳妥起见，拟控制在目标盈利率的50%以内，也可月结成本时作收支持平，竣工结算时，再按实调整实际成本，反映利润。

（4）机械作业分包工程，是指利用分包单位专业化施工优势，将打桩、吊装、大型土方、深基础等工程项目分包给专业单位施工的形式。对机械作业分包产值统计的范围是，只统计分包费用，而不包括物耗价值。即：打桩只计打桩费而不计桩材费，吊装只计吊装费而不计构件费。机械作业分包实际成本与此对应，包括分包结账单内除工期奖之外的全部工程费用,总体反映其全貌成本。

同双包工程一样,总分包企业合同差,包括总包单位管理费,分包单位让利收益等在月结成本时,可先预结一部分,或月结时作收支持平处理,到竣工结算时,再作为项目效益反映。

(5)上述双包工程和机械作业分包工程由于收入和支出比较容易辨认(计算),所以项目经理部也可以对这两项分包工程,采用竣工点交办法,即月度不结盈亏。

(6)项目经理部应增设"分建成本"成本项目,核算反映双包工程,机械作业分包工程的成本状况。

(7)各类分包形式(特别是双包),对分包单位领用、租用、借用本企业物资、工具、设备、人工等费用,必须根据项目经管人员开具的、且经分包单位指定专人签字认可的专用结算单据,如"分包单位领用物资结算单"及"分包单位租用工用具设备结算单"等结算依据入账,抵作已付分包工程款。同时要注意对分包资金的控制,分包付款、供料控制,主要应依据合同及用料计划实施制约,单据应及时流转结算,账上支付额(包括抵作额)不得突破合同。要注意阶段控制,防止资金失控,引起成本亏损。

6.5.6 范例

1. 工程施工成本核算台账表格填写范例

工程施工成本核算台账表格填写范例,见表6.3、表6.4。

表6.3 预算成本构成台账 (单位:万元)

工程名称:××工程 编号:×××

		结构	砖混	面积/m²	6 923.45	预算造价	120		竣工决算造价	118	
项目 \ 内容		人工费	材料费	周转材料费	结构件	机械使用费	措施费	间接费	分建成本	合计	备注
原合同数		15	72	9	9	6	5	2.5	1.5	120	
增减账		+0.2	+0.5	-0.4	-0.7	-1.2	+0.1	-0.2	-0.3	-2	
竣工决算数		14.2	73.5	7.6	9.3	5.8	4.1	2.3	1.2	118	
逐月发生数	3月	2.5	24.7	2.6	2.8	1.1	1.1	0.5	0.3	35.6	
	4月	3.6	13.6	1.8	1.6	1.2	1.9	0.48	0.28	24.46	
	5月	3.8	12.8	1.6	1.5	0.9	0.68	0.46	0.24	21.98	
	6月	3.2	11.4	1.2	1.4	0.85	0.72	0.44	0.2	19.41	
	7月	2.1	10.0	1.4	1.0	0.75	0.7	0.42	0.18	16.55	

制表人:××× 日期:××年×月×日

表 6.4 单位工程增减账台账

工程名称:×××工程　　　　编号:×××

编号	日期		内容	金额	其:直接费部分						签证状况		
	年	月			合计	人工费	材料费	结构件	周转材料费	机械费	已送审	已签证	已报工作记录
1	××年×月		管道安装	54 256.5		5 507.60	6 250.80			447.20	已	已	已
2													
3													
4													
5													
6													
7													
8													
9													
10													

项目经理:×××　　　　填表人:×××　　　　填表日期:××年×月×日

2. 工程施工成本核算账表表格填写范例

工程施工成本核算账表表格填写范例,见表 6.5、表 6.6。

表 6.5 月成本核算材料分解表

班组:××班　　　　×月×日至×月×日

材料类别	材料名称及规格	单位	控制数量(金额/元)	领用数量(金额)	节超量(+,-)	备注
主材	水泥	kg	33 818.400/9 806.76	33 524.525/9 722.11	+293.875	
	中砂	m^3	33.672/1 133.54	32.528/1 130.248	+1.144	
零星材料						

项目经理:×××　　　　填表人:×××　　　　填表日期:××年×月×日

表6.6 设备成本核算表

(单位:元)

工程名称:×××工程 编号:×××

序号	设备名称	规格型号	数量	原值	能耗费	修理费	折旧费	累积折旧	租费	其他	合计	备注
1	拌和机	拌—001	1	460.31	248.55	13.15	51.66				752.67	
2	电焊机	电—01	1	609.69	252.13	30.66	147.67				1 040.15	

项目经理:××× 填表人:××× 填表日期:××年×月×日

6.6 建筑工程施工成本分析

6.6.1 施工成本分析的要求

1. 要实事求是

成本分析一定要有充分的事实根据,使用“一分为二”的辩证方法,对事物进行实事求是的评价,且尽可能做到措辞恰当,可以为绝大多数人所接受。

2. 要用数据说话

成本分析应该依据会计核算、统计核算与业务核算的数据进行定量分析,尽可能避免抽象的定性分析。对成本分析方法的选择,应该能使分析结果揭示量差与价差的单因素影响情况及其综合影响的效果,从而为成本控制提供明确的方向和依据。

3. 要注重时效

成本分析及时,发现问题及时,解决问题及时。有可能贻误解决问题的最佳时机,甚至会造成重大损失,也可能造成积重难返,发生不可挽回的损失。

4. 要为生产经营服务

成本分析既要揭露问题,又要分析问题产生的原因,提出解决问题的办法与措施。

6.6.2 施工成本分析的内容

1. 随着项目施工的进展而进行的成本分析

(1)分部分项工程成本分析。

(2)周、旬、月(季)度成本分析。

(3)年度成本分析。

(4)竣工成本分析。

2. 按照成本项目进行的成本分析

(1)材料费分析。

(2)人工费分析。

(3)机械使用费分析。

(4)其他直接费分析。

(5)间接成本分析。

3. 针对特定问题和与成本相关事项的分析

(1)成本盈亏异常分析。

(2)工期成本分析。

(3)资金成本分析。

(4)技术组织措施节约效果分析。

(5)其他有利因素与不利因素对成本影响的分析。

6.6.3 施工成本分析的方法

成本分析可采用比较法、因素分析法、差额分析法与比率法等基本方法,亦可采用分部分项成本分析、年季月(或周、旬等)度成本分析、竣工成本分析等综合成本分析的方法。

1. 比较法

比较法,亦称指标对比分析法,通对过技术经济指标的比较,检查计划的完成情况,分析产生差异的原因,进而开发内部潜力的方法。比较分析时,可按照以下顺序:

(1)比较项目预算成本、实际成本、降低额、降低率与计划对应项目的增减变动额。

(2)比较各构成成本项目的收、支与计划数额的增减变动额。

(3)比较分项与总成本降低率与同类工程或企业先进水平的差额。

(4)比较项目包含的不同单位工程或者不同参与单位的降低成本占总降低额的比例。

在比较时,应该注意以下几点:

1)坚持可比口径,如客观因素影响到可比性,应剔除、换算或加以说明。

2)对分项成本中相关实物量,如材料用量、工日、机械台班等,结合计划或者定额用量加以比较。

3)要注意依据资料的真实性,防止出现成本虚假升降。在工程进行中分析时,特别要注意已完工程与未完施工成本的确定。

2. 因素分析法

因素分析法,亦称连环替代法,可以用来分析各种因素对成本的影响程度。进行分析时,首先假定众多因素中的某一个因素发生了变化,而其他因素则不变,然后逐个替换,且分别比较其计算结果,以确定不同因素的变化对成本的影响程度。

因素分析法的计算步骤如下:

(1)确定所分析的对象(即所分析的技术经济指标),计算出实际与计划(预算)数的差异。

(2)确定指标是由哪些因素组成的,并按照其相互关系进行排序。

(3)以计划(预算)数为基础,把各因素的计划(预算)数相乘,作为分析替代的基数。

(4)把各个因素的实际数按照上面的排列顺序进行替换计算,并且将替换后的实际数保留下来。

(5)把每次替换计算所得的结果与前一次的计算结果相比较,两者的差异就是该因素对成本的影响程度。

(6)各个因素影响程度之和应该与分析对象的总差异相等。

必须注意,在应用因素分析法时,各个因素的排列顺序应固定不变;否则,就会得出不同的计算结果,亦会产生不同的结论。

6.6.4　成本分析要形成成本分析报告

需在跟踪核算分析的基础上编制定期成本报告,依据成本报告对实际成本与责任目标成本进行比较分析,在每月分部分项成本的累计偏差与相应的计划目标成本余额的基础上,预测今后成本的变化趋势与状况,依据偏差原因制定改善成本控制的措施,控制下月施工任务的成本,并且上报企业成本主管部门进行指导检查与考核。

项目部还应该将成本分析的结果形成文件,为成本偏差的纠正和预防、成本控制方法的改进、制定降低成本的措施、改进成本控制体系等提供依据。

施工成本分析完成以后,应提出书面分析报告。其基本内容包括:

(1)项目概况。

(2)项目主要经济技术指标完成状况。

(3)项目总成本、分项成本的说明。

(4)分施工成本的分析,包括各项直接费用以及现场经费、子项目的分析。

(5)降低成本来源分析与亏损项目原因分析。

(6)成本管理的成绩、问题以及改进措施、意见和建议。

施工成本分析应该由项目经理主持,参与核算管理的各相关部门人员协调配合,分担相关分项的分析工作,做到成本分析与业务专题分析相结合。

6.6.5　范例

1.工程施工成本分析方法举例

(1)某项目本年节约三材的目标为200 000元,实际节约230 000元,上年节约190 000元,本企业先进水平节约235 000元。根据上述资料编制分析表,见表6.7。

表6.7　实际指标与目标指标、上期指标、先进水平对比表　(单位:元)

指标	本年目标数	上年实际数	企业先进水平	本年实际数	差异数		
					与目标比	与上年比	与先进比
三材节约额	200 000	19 000	235 000	230 000	+3 000	+40 000	-5 000

(2)某承包企业承包一工程,计划砌砖工程量1 200 m^3,按预算定额规定,每立方米耗用空心砖510块,每块空心砖计划价格为0.12元;实际砌砖工程量却达1 500 m^3,每立方米实耗空心砖500块,每块空心砖实际购入价为0.18元。试用因素分析法进行成本分析。

砌砖工程的空心砖成本计算公式为:

空心砖成本=砌砖工程量×每立方米空心砖消耗量×空心砖价格

采用因素分析法对上述三个因素分别对空心砖成本的影响进行分析。技术过程和结果见表6.8。

表 6.8　砌砖工程空心砖成本分析表

计算顺序	砌砖工程量/m^3	每立方米空心砖消耗量	空心砖/元	空心砖成本/元	差异数/元	差异原因
计划数	1 000	500	0.12	60 000		
第一次替代	1 200	500	0.12	72 000	12 000	由于工程量增加
第二次替代	1 200	480	0.12	69 120	-2 880	由于空心砖节约
第三次替代	1 200	480	0.18	103 680	34 560	由于价格提高
合计					43 680	

以上分析结果表明，实际空心砖成本比计划超出 43 680 元，主要原因是工程量增加和空心砖价格提高；另外，由于节约空心砖消耗，使空心砖成本节约了 2 880 元，这是好的现象，应当总结经验，继续发扬。

2. 工程项目分析表格填写范例

工程项目分析表格填写范例，见表 6.9、表 6.10。

表 6.9　月度直接成本分析表　（单位：元）

项目名称：×××工程　编号：×××

分项工程编号	分项工程工序名称	实物单位	实物工程量				预算成本		计划成本		实际成本		实际偏差		目标偏差	
			计划		实际											
			本月	累计	本月	累计	本月	累计	本月	累计	本月	累计	本月	累计	本月	累计
甲	乙	丙	1	2	3	4	5	6	7	8	9	10	11=5-9	12=6-10	13=7-9	14=8-10
1	地砖地面	m^2	15.5	36.5	14.8	34.6	698	1 573	705	1 580	692	1 567	6	6	13	13

项目经理：×××　填表人：×××　填表日期：××年×月×日

表 6.10　月度间接成本分析表　（单位：元）

项目名称：×××工程　编号：×××

间接成本编号	间接成本项目	产值		预算成本		计划成本		实际成本		实际偏差		目标偏差		占产值的百分数/%			
		本月	累计	本月	累计	本月	累计	本月	累计	本月	累计	本月	累计	本月	累计	本月	累计
甲	乙	1	2	3	4	5	6	7	8	9=3-7		10=4-8		11=5-7	12=6-8	13=7÷1	14=8÷2
1	石材踢脚线	240	580	251	591	248	588	243	583	8		8		5	5	1.01	1.01

项目经理：×××　填表人：×××　填表日期：××年×月×日

6.7 建筑工程施工成本考核

项目部应建立与健全施工成本考核制度,包括考核的目的、时间、范围、方式、对象、依据、指标、组织领导、评价与奖惩原则等内容。应该以施工成本降低额与施工成本降低率作为成本考核的主要指标。同时,发现偏离目标时要及时采取改进措施。

6.7.1 施工成本考核的要求

(1)企业对项目部进行考核时,应该以确定的责任目标成本为依据。

(2)项目部应该以控制过程的考核为重点,并且与竣工考核相结合。

(3)各级成本考核应该与进度、质量、安全等指标的完成情况相联系。

(4)施工成本考核的结果应该形成文件,为奖罚责任人提供依据。

6.7.2 施工成本考核的注意事项

考核工程施工成本应该注意以下几个方面:

(1)考核施工成本核算方法是否符合国家规定,考核降低成本是否真实可信。

(2)考核工程项目建设中的经济效益,包括成本、费用、利润目标的实现情况及降低额、降低率是否依计划实现。

(3)考核的依据要按照施工成本报表与有关成本处理的凭证和账簿记录。

(4)考核的对象可按照项目进展程度而定。在项目进行中,可考核某一阶段或某一期间的成本,也可考核子施工成本;在项目完成后,则要考核整个工程项目的总成本与总费用。

6.7.3 施工成本考核的主要内容

1. 考核降低成本目标完成情况

检查成本报表的降低额、降低率是否达到了预定目标,完成或超额的幅度如何。当施工成本在计划中明确了辅助考核指标,例如钢材节约率、能源节约率、人工费节约率等,还需检查这些辅助考核指标的完成情况。

2. 考核核算口径的合规性

重点检查成本收入的计算是否正确,项目总收入或者总投资(中标价)与统计报告的产值在口径上是否相符,实际成本的核算是否划清了成本内与成本外间的界限、本项目内与本项目外间的界限、不同参与单位间的界限、不同报告期间的界限,与成本核算紧密相关的材料采购和消耗、往来结算、建设单位垫付款、待摊费和预提费等事项的处理是否符合财务会计制度规定。

3. 与其他专业考核相结合

施工成本考核是一个综合性很强的工作,成本考核要与其他专业考核相结合,进而考察项目的技术和经济总成效。主要结合质量考核、生产计划考核、技术方案与节约措施实施情况考核、安全生产考核、材料与能源节约考核、劳动工资考核、机械利用率考核等,明确上列业务核算方面的经济盈亏,为进行施工成本分析奠定基础。

项目部应该以控制过程的考核为重点,控制过程的考核应该与竣工考核相结合。竣工考核由工程项目上级主持进行,应该以下达的"项目管理目标责任书"的完成情况为重点,上级财务部门具体负责相关指标、账表的查验工作。

大型工程项目可以组织分级考核。参与工程项目的企业与各级财会部门应为考核做好准备,平时注意积累相关资料,并与进度、质量、安全等指标的完成情况相联系。

施工成本考核完成之后,主持考核的部门应该对考核结果给以书面认证,并按项目管理目标责任书与企业的项目管理办法,兑现奖、罚条款。

6.7.4 范例

施工成本考核表格填写范例,见表6.11、表6.12。

表6.11 某月成本情况考核表

工程名称:××工程 编号:×××

序号	项目名称	单位	额定消耗量	单价	本月计划	本月实际	计划成本	实际成本	降低/%	备注
1	混凝土灌注桩	m	1 000	515.99	900	1 001	534 261.03	523 104.22	0.21%	

项目经理:××× 填表人:××× 填表日期:××年×月×日

表6.12 现场成本考核情况评分表

工程名称:××工程 编号:×××

序号	考核评分项	标准分	考核得分	排名	整改措施
一	材料节约				
1	4%以上	100			
2	2%~4%	80			
3	1%~2%	60			
4	超指标	0			
5	超2%以上	-5			分析原因,提出整改措施
二	材料再利用				
	好	10			
	一般	5			
	未利用	0			
三	质量				
	合格	10			
	优良	20			
四	材料、成品堆放整齐,有正确标识,环境清洁	5~10			
五	有成本台账和考核记录	2~5			

项目经理:××× 填表人:××× 填表日期:××年×月×日

7　施工现场合同管理

7.1　合同管理基础知识

合同管理是指依据合同和合同法规定,利用科学先进的方法综合组织项目实施,全面履行合同,保证合同目标的实现。

7.1.1　合同管理的重要性

在施工现场管理中,合同管理具有十分重要的地位,已成为与进度管理、质量管理、成本管理、安全管理、信息管理等并列的一大管理职能。合同管理的重要性主要表现在以下几个方面。

(1)在建筑工程项目中,合同已越来越复杂。这主要表现在:在工程中相关的合同有几十份、几百份,甚至几千份,它们之间有复杂的关系;合同的文件多,包括合同条件、协议书,投标书,图纸、规范、工程量表等;合同条款越来越复杂;合同生命期长,实施过程复杂,受到外部影响的因素比较多;合同过程中争执多,索赔多。所以要求进行专业化的合同管理。

(2)由于合同将工期、成本、质量目标统一起来,划分各方面的责任和权利,所以在施工现场管理中合同管理居于核心地位。没有合同管理,施工现场管理将目标不明,形不成系统。

(3)严格的合同管理是国际工程管理惯例。主要体现在:严格的符合国际惯例的招标投标制度,建设工程监理制度,国际通用的 FIDIC 合同条件等,这些都与合同管理有关。

7.1.2　合同管理组织

合同管理的任务必须由一定的组织机构和人员来完成。要提高合同管理的水平,就必须设立专门机构和人员负责合同管理工作,使合同管理工作实现专门化和专业化。

1. 合同管理机构的设立

(1)集团型大型建筑工程施工企业应当设置二级管理制度。由于集团和其属下的施工企业都是独立的法人,故两者之间虽有投资管理关系,但在法律上又相互独立。施工企业在经营上有各自的灵活性和独立性。对于这种集团型施工企业的管理,应当设置二级双重合同管理制度,即在集团和其子公司中分别设立各自的合同管理机构,工作相对独立,但又应当及时联络,形成统、分灵活的管理模式。

(2)中小型建筑工程施工企业也必须设立合同管理机构和合同管理员,统一个管理施工队和挂靠企业的合同,制订合同评审制度,切忌将合同管理权下放到项目部,应强化规范管理。

2. 合同管理专门人员的配备

合同管理工作由合同管理机构统一操作，应当落实到具体人员。对于合同管理工作较繁重的集团型施工企业，应当配以多人，明确分工，做好各自的合同管理工作；对于中小型建筑工程施工企业，可依具体的合同管理工作量决定合同管理人员的数量。合同管理员的分工可依合同性质、种类划分，也可依合同实施阶段划分，具体由施工企业根据自身实际情况和企业经营传统决定。

3. 企业内部合同管理的协作

企业内部机构和人员对于合同管理的协作，是指由建筑工程施工企业内部各相关职能部门各司其职，分别参与合同的谈判、起草、修改等工作，并建立会审和监督机制，实施合同管理的行为和制度。

建筑工程施工企业需签订的合同种类繁多、性质各异。不同种类的合同因其所涉及行业、专业的不同特点，而具有各自的特殊性。签订不同种类、不同性质的合同，应当由企业中与其相对应的职能部门参加合同谈判和拟定。例如，施工合同的谈判拟定，应由企业工程部负责，而贷款合同的谈判和拟定则应由企业财务部门负责。所有合同文本在各相关部门草拟之后应由企业的总工程师、总经济师、总会计师，以及合同管理机构进行会审，从不同的角度提出修改意见，完善合同文本，以供企业的决策者参考，确定合同文本，最终签署合同。

7.1.3　合同管理制度

为了更好地落实合同管理工作，建筑工程施工企业必须建立完善的项目合同管理制度。建筑工程项目合同管理制度主要包括以下内容。

1. 企业内部合同会签制度

由于建筑工程施工企业的合同涉及施工企业各个部门的管理工作，为了保证合同签订后得以全面履行，在合同未正式签订之前，由办理合同的业务部门会同企业施工、技术、材料、劳动、机械动力和财务等部门共同研究，提出对合同条款的具体意见，进行会签。在施工企业内部实行合同会签制度，有利于调动企业各部门的积极性，发挥各部门管理职能作用，群策群力，集思广益，以保证合同履行的可行性，并促使施工企业各部门之间相互衔接和协调，确保合同的全面及实际履行。

2. 合同签订审查批准制度

为了使建筑工程施工企业的合同签订后合法、有效，必须在签订前履行审查、批准手续。审查是指将准备签订的合同在部门之间会签后，送给企业主管合同的机构或法律顾问进行审查；批准是指由企业主管或法定代表人签署意见，同意对外正式签订合同。通过严格的审查批准手续，可以使合同的签订建立在可靠的基础上，尽量防止合同纠纷的发生，以维护企业的合法权益。

3. 建筑工程印章制度

施工企业合同专用章是代表企业在经营活动中对外行使权力、承担义务、签订合同的凭证。因此，企业对合同专用章的登记、保管、使用等都要有严格的规定。合同专用章应由合同管理员保管、签印，并实行专章专用。合同专用章只能在规定的业务范围内使用，不能超越范围使用;不准为空白合同文本加盖合同印章;不得为未经审查批准的合同文本加盖合同印章;严禁与合同洽谈人员勾结,利用合同专用章谋取个人私利。

4. 管理目标制度

合同管理目标是各项合同管理活动应达到的预期结果和最终目的。合同管理的目的是施工企业通过自身在合同的订立和履行过程中进行的计划、组织、指挥、监督和协调等工作,促使企业内部各部门、各环节互相衔接、密切配合,进而使人、财、物各要素得到合理组织和充分利用,保证企业经营管理活动的顺利进行,提高工程管理水平,增强市场竞争能力,从而达到高质量、高效益,满足社会需要,更好地为发展和完善建筑业市场经济服务。

5. 管理质量责任制度

管理质量责任制度是建筑工程施工企业的一项基本管理制度。它具体规定企业内部具有合同管理任务的部门和合同管理人员的工作范围,履行合同中应负的责任,以及拥有的职权。这一制度有利于企业内部合同管理工作分工协作,责任明确,任务落实,逐级负责,人人负责,从而调动企业合同管理人员以及合同履行中涉及的有关人员的积极性,促进施工企业合同管理工作正常开展,保证合同圆满完成。

6. 统计考核制度

合同统计考核制度,是建筑工程施工企业整个统计报表制度的重要组成部分。完善的合同统计考核制度,是运用科学的方法,利用统计数字,反馈合同订立和履行情况,通过对统计数字的分析,总结经验,找出教训,为企业经营决策提供重要依据。施工企业合同考核制度包括统计范围、计算方法、报表格式、填报规定、报送期限和部门等。施工企业一般是对中标率、合同谈判成功率、合同签约率和合同履约率进行统计考核。

7. 检查和奖励制度

为了发现和解决合同履行中的问题,协调企业各部门履行合同中的关系,施工企业应建立合同签订、履行的监督检查制度。通过检查及时发现合同履行管理中的薄弱环节和矛盾,以利于提出改进意见,促进企业各部门不断改进合同履行管理工作,提高企业的经营管理水平。通过定期的检查和考核,对合同履行管理工作完成得好的部门和人员给予表扬鼓励;对成绩突出,并有重大贡献的人员,给予物质奖励。对于工作差、不负责任的或经常"扯皮"的部门和人员要给予批评教育;对玩忽职守、严重渎职或有违法行为的人员要给予行政处分、经济制裁,情节严重触及刑律的要追究刑事责任。实行奖惩制度有利于增强企业各部门和有关人员履行合同的责任心,是保证全面履行合同的有力措施。

8. 评估制度

合同管理制度是合同管理活动及其运行过程的行为规范,合同管理制度是否健全是合同管理能否奏效的关键所在。因此,建立一套有效的合同管理评估制度是十分必要的。

7.1.4　合同管理程序与内容

1. 合同管理程序

(1)合同评审。

(2)合同订立。

(3)合同实施计划编制。

(4)合同实施控制。

(5)合同综合评价。

(6)有关知识产权的合法使用。

2. 合同管理内容

(1)对合同履行情况进行监督检查。通过检查,发现问题及时协调解决,提高合同履约率。

(2)经常对项目经理及有关人员进行合同法及有关法律知识培训,提高合同管理人员的素质。

(3)建立健全的合同管理制度。包括项目合同归口管理制度,考核制度,合同用章管理制度,合同台账、统计及归档制度。

(4)对合同履行情况进行统计分析。包括工程合同份数、造价、履约率、纠纷次数、违约原因、变更次数及原因等。通过统计分析手段,发现问题,及时协调解决,提高利用合同进行生产经营的能力。

(5)组织和配合有关部门做好有关工程项目合同的鉴证、公证和调解、仲裁及诉讼活动。

7.2 建筑工程勘察、设计合同管理

勘察、设计合同是《合同法》中建设工程合同的一种,《合同法》第269条指出建设工程合同包括勘察、设计及施工合同。

7.2.1 建筑工程勘察、设计合同的概念

建筑工程勘察、设计合同是指发包人与承接方为完成一定建筑工程项目的勘察、设计任务,明确双方权利与义务关系的协议。

建筑工程勘察、设计合同的发包人是指项目业主承担直接投资责任(建设单位)或者建筑工程承包单位。通常应具有法人或者自然人或经过审查批准的其他组织。承接方应该是持有国家认可的勘察、设计证书的具有企业法人资格的勘察或设计单位。

7.2.2 建筑工程勘察、设计合同的法律特征

(1)勘察、设计合同的签订必须要符合国家规定的工程建设管理程序。合同应该以国家或授权单位批准的可行研究报告或者有关文件为基础。

(2)对勘察、设计合同当事人有特定的法定要求。承接方必须是具有民事权利能力与民事行为能力的持有国家或者授权机关批准的勘察、设计许可证、相关部门核准的资质等级的法人资格,某一资质等级的企业法人营业执照的勘察、设计单位仅能接受相应等级或者限额内项目的勘察、设计任务,不能越级承包、否则勘察设计合同即为无效合同。发包人(项目业主)必须为承担直接投资责任具有民事权利能力与民事行为能力的法人单位或者经批准的其他组织或者自然人。

7.2.3　建筑工程勘察、设计合同的作用

(1)有利于确保建设工程勘察、设计任务按期、按质、按量顺利完成。

(2)有利于明确合同当事人各自的权利、义务以及违约责任,避免不必要的争执。

(3)有利于促使当事人双方加强管理与经济核算,提高管理水平。

(4)为监理工程师在项目勘察、设计阶段的监督提供有效的法律依据。

7.2.4　勘察、设计合同委托人的义务

(1)向承包人提供开展勘察、设计工作所需要的有关基础资料,并对提供的时间、进度与资料的可靠性负责。委托勘察工作的,在勘察工作开展之前,应提出勘察技术要求及附图。委托初步设计的,在初步设计之前,应提供经过批准的设计任务书,选址报告及原料(或经过批准的资料报告)、燃料、水、电、运输等方面的协议文件与能满足初步设计要求的勘察资料,需经过科研取得技术资料。委托施工图设计的,在施工图设计之前,应提供经过批准的初步设计文件与能满足施工图设计要求勘察资料、施工条件及有关设备的技术资料。

(2)在勘察设计人员进入现场作业或者配合施工时,应负责提供必要的工作与生活条件。

(3)委托配合引进项目的设计任务,从询价、对外谈判、国内外技术考察直到建成投产的各阶段,应该吸收承担相关设计任务的单位参加。

(4)按照国家相关规定付给勘察设计费。

(5)维护承包人的勘察成果与设计文件,不得擅自修改,也不得转让给第三方重复使用。

7.2.5　勘察、设计合同承包人的义务

(1)勘察单位应按现行的标准、规范、规程与技术条例,进行工程测量、工程地质、水文地质等勘察工作,并且按照合同规定的进度、质量提交勘察成果。

(2)设计单位要依据批准的设计任务书或者上一阶段设计的批准文件及有关设计技术经济协议文件、设计标准、技术规程、规范、定额等提出勘察技术要求与进行设计,并且按合同规定的进度与质量提交设计文件。

(3)初步设计经上级主管部门审查之后,在原定任务书范围内的必要修改由设计单位负责。原定任务书若有重大变更而重作或者修改设计时,必须具有设计审批机关或者设计任务书批准机关的意见书,经过双方协商,另订合同。

(4)设计单位对所承担设计任务的建设项目应该配合施工,进行设计技术交底,解决施工过程中相关设计的问题,负责设计变更与修改预算,参加试车考以及工程竣工验收。对于大中型工业项目与复杂的民用工程应该派现场设计代表,并且参加隐蔽工程验收。

7.2.6　建筑工程勘察、设计合同的订立

勘察合同,由建设单位、设计单位或者有关单位提出委托,经过双方同意即可签订。

设计合同,必须具有上级机关批准的设计任务书方能签订。小型单项工程的设计合同必须具有上级机关批准的文件方能签订。若单独委托施工图设计任务,应该同时具有有关部门批准的初步设计文件才能签订。

勘察、设计合同在当事人双方经协商取得一致意见,由双方负责人或者指定代表签字并加盖公章后,方为有效。建筑工程勘察、设计合同须采用书面形式,并且参照国家推荐使用的合同文本签订。

1. 建筑工程勘察、设计合同的主体资格

建筑工程勘察、设计合同的主体通常应是法人。承包方承揽建设工程勘察、设计任务须具有相应的权利能力与行为能力,须持有国家颁发的勘察、设计证书。国家对设计市场实行从业单位资质及个人执业资格准入管理制度。委托工程设计任务的建设工程项目应该符合国家有关规定:

(1)建设工程项目可行性研究报告或者项目建议书已获批准。

(2)已办理了建设用地规划许可证等手续。

(3)法律、法规规定的其他条件。例如发包方应该持有上级主管部门批准的设计任务书等合同文件。

2. 建筑工程勘察、设计合同的主要条款

(1)建设工程名称、规模、投资额及建设地点。

(2)发包人提供资料的内容,技术要求以及期限,承包方勘察的范围、进度与质量,设计的阶段、进度、质量与设计文件份数。

(3)勘察、设计取费的依据及取费标准与拨付办法。

(4)协作条件。

(5)违约责任。

(6)其他约定的条款。

7.2.7　建筑工程勘察、设计合同的履行

1. 勘察、设计合同的定金

按照规定收取费用的勘察、设计合同生效后,委托人应该向承包人付给定金。勘察、设计合同履行后,定金抵作勘察及设计费。勘察任务的定金是估算的勘察费的30%。设计任务的定金是估算的设计费的20%。若委托人不履行合同的,无权请求返还定金。若承包人不履行合同的,应该双倍返还定金。

2. 设计合同的变更与解除

设计文件批准后,便具有一定的严肃性,不得任意修改与变更。如果必须修改,也需经有关部门批准,其批准权限依据修改内容所涉及的范围而定。若修改部分属于初步设计的内容,必须经设计的原批准单位批准;若修改的部分是属于可行性研究报告的内容,则须经可行性研究报告的原批准单位批准;施工图设计的修改,必须要经设计单位批准。

委托人因故要求修改工程设计,经过承包人同意后,除设计文件的提交时间另定外,委托人还应该按承包人实际返工修改的工作量增付设计费。

原定可行性研究报告或者初步设计若有重大变更而需重作或修改设计时,必须经原

批准机关同意,且经双方当事人协商后另订合同。委托人负责支付已进行了的设计的费用。

委托人因故要求中途停止设计时,应该及时书面通知承包人,已经付的设计费不退还,且按该阶段实际所耗工时,增付与结清设计费,同时终止合同关系。

3. 勘察、设计合同的违约责任

委托人或者承包人违反合同规定造成损失的,应该承担违约的责任:

(1)因勘察,设计质量低劣引起返工或者未按期提交勘察、设计文件拖延工期造成损失的,由勘察、设计单位继续完善勘察、设计任务,且应视造成的损失浪费大小减收或者免收勘察、设计费。对于因勘察、设计错误而导致工程重大质量事故者的,勘察、设计单位应承担赔偿责任。

(2)由于变更计划,提供的资料不准确,没有按期提供勘察、设计必需的资料或者工作条件而造成勘察、设计的返工、停工、窝工或者修改设计的,委托人应该按承包人实际消耗的工作量增付费用。因委托人责任造成重大返工或者重新设计,应该另行增费。

(3)若委托人超过合同的规定的日期付费,应该偿讨逾期的违约金。偿付办法与金额,由双方按照国家的相关规定协商,在合同中订明。

7.3　建筑工程施工合同

7.3.1　建筑工程施工合同

1. 工程项目施工合同的概念

工程项目施工合同(简称施工合同),是发包人(项目法人或者总承包单位)与承包人(建筑安装施工单位)为完成商定的建筑安装工程,明确双方权利、义务关系的协议,是建设工程合同的重要组成部分。按照我国《合同法》第269条规定:“建设工程合同是承包人进行工程建设,发包人支付价款的合同。”

施工合同包括建筑工程与安装工程两部分。

2. 施工合同的作用

(1)明确建设单位与施工企业在施工中的权利与义务。施工合同一经签订,即具有法律效力。施工合同明确了发包人与承包人在工程施工中的权利与义务。这是双方在履行合同中的行为准则,双方均应以施工合同作为行为的依据。双方应该认真履行各自的义务,任何一方无权随意变更或者解除施工合同;任何一方违反合同规定的条款,均必须承担相应的法律责任。

若不订立施工合同,将无法规范双方的行为,亦无法明确各自在工程施工中所享受的权利与承担的义务。

(2)有利于对工程施工的管理。合同当事人(发包人与承包人)对工程施工的管理应该以合同为依据,这是毫无疑问的。另外,有关的国家机关、金融机构对工程施工的监督与管理,施工合同也是其重要依据。

若不订立施工合同将会给工程施工的管理带来很大的困难。

(3)有利于建筑市场的培育与发展。在计划经济条件下,行政手段是施工管理的重要方法;在市场经济条件下,合同是维系市场运转的重要因素。因此,培育与发展建筑市场,首先要培育合同(契约)意识。推行建设监理制度、实行招标投标制(这些均是建筑市场的组成部分)等,均是以签订的施工合同为基础的。

所以,不订立施工合同,建筑市场的培育与发展将无从谈起。

(4)施工合同是进行监理的依据与推行监理制的需要。建设监理制度是工程建设管理的专业化、社会化的结果。在这一制度中,行政干预的作用被淡化,建设单位(发包人)、施工企业(承包人)及监理单位三者的关系是通过工程建设监理合同与施工合同来确立的,监理单位对工程建设的监理是以订立施工合同为前提与基础的。建设单位一经委托监理单位对发包工程进行监理,则监理单位对工程进行监理的依据也就是施工合同。许多部门与地区在其有关施工监理的文件中都对此作了明确规定。

总之,订立施工合同是进行建设监理的依据,也是推行监理制度的需要,否则,监理工作就无法开展。

3. 施工合同的特点

(1)合同标的的特殊性。施工合同的标的是各种建筑产品。建筑产品是不动产,其基础与大地相连,不能移动。这就决定了每个施工合同的标的均是特殊的,相互间具有不可替代性。这也决定了施工生产的流动性。建筑物所在地即是施工生产场地,施工队伍、施工机械必须要围绕建筑产品不断移动。此外,建筑产品的类别庞杂,其外观、结构、使用目的、使用人均各不相同,这就要求每一个建筑产品都需单独设计与施工(即使可重复利用标准设计或者重复使用图纸,也应采取必要的设计修改才能施工),即建筑产品是单体性生产,这也就决定了施工合同标的的特殊性。其次,建筑产品体积庞大,消耗的物力、人力、财力多,一次性投资数额大,也是其重要特征。

(2)合同履行周期长。建筑物的施工由于结构复杂、体积大、建筑材料类型多等特点,使得工期均较长(与一般工业产品的生产相比)。而合同履行期限肯定要长于施工的工期,因为工程建设的施工应该在合同签订后才开始,并且需加上合同签订后到正式开工前的一个较长的施工准备时间与工程全部竣工验收后、办理竣工结算以及保修期的时间。在工程的施工过程中,还可能因为不可抗力、工程变更、材料供应不及时等因素而导致工期顺延。以上这些情况,决定了施工合同的履行期限具有长期性。

(3)合同内容的多样性与复杂性。虽然施工合同的当事人只有两方面(这一点同大多数合同相同),但其涉及的主体却有很多种。与大多数合同相比较,施工合同的履行期限长,标的额大,涉及的法律关系则包括了保险关系、劳动关系、运输关系等,具有多样性和复杂性。这就要求施工合同的条款应该尽量详尽。施工合同除了应该具备合同的一般条款外,应对安全施工、专利技术使用、发现地下障碍与文物、工程分包、不可抗力、工程设计变更、材料设备的供应、运输及验收等内容作出规定。在施工合同的履行过程中,除了施工企业与建设单位的合同关系以外,还涉及与劳务人员的劳动关系、与材料设备供应商的材料设备购销关系、与保险公司的保险关系、与运输企业的货物运输关系等。这些关系,使得施工合同的内容具有多样性与复杂性的特点。

(4)合同管理的严格性。由于施工合同的履行会对社会、国家、公民产生较大与长期

的影响,国家对施工合同的管理是特别严格的。这主要体现在以下几个方面:

1)对合同签订管理的严格性。签订施工合同须以国家批准的投资计划为前提,初步设计与总概算已经批准,即使是国家投资以外的、以其他方式筹集的投资也应受到当年的贷款规模与批准限额的限制,纳入当年投资规模的平衡,并且经过严格的审批报告程序。同时,还要得到相关部门,例如规划、环保等部门的批准。

2)对合同履行管理的严格性。在施工合同的履行过程中,除合同当事人、监理工程师要对合同进行严格管理之外,合同的主管机关(工商行政管理机关)、金融机构、建设行政主管机关,均要对施工合同的履行进行监督与管理。

3)对合同主体管理的严格性。国家对施工合同的主体有严格的管理制度。发包人须具备组织协调能力;承包人须具备有关部门核定的资质等级并且持有营业执照等证明文件的法人。无营业执照或者无承包资质证书的施工企业不能作为施工合同的主体,资质等级低的施工企业也不能越级承包施工项目。

(5)涉及的法规面广。施工合同除涉及《合同法》、《建筑法》、《民法通则》与《招标投标法》外,还涉及《公证条例》、《民事诉讼法》、《标准化法》、《专利法》、《文物保护法》、《保险法》、《担保法》、《反不正当竞争法》等法律、法规。

(6)定价的多样性。同建筑安装工程在签订合同之前有标底价,投标报价、中标价,在签订合同时,双方又要按照国家的有关规定商定工程造价(工程合同价)写入施工合同,在合同实施过程中由于各种因素变动又要追加合同价款与费用,形成竣工结算价。由此可见同一工程在不同阶段不同计价方式的定价都不相同,表现出其定价的多样性。

4. 施工合同的分类

施工合同从不同的角度可以作不同的分类。

(1)按合同计价方式进行分类。

1)固定价格。工程价格在实施期间内不因价格变化而调整。在工程价格中应该考虑价格风险因素并且在合同中明确固定价格包括的范围。

2)可调价格。工程价格在实施期间可以随价格变化而调整,调整的范围和方法应该在合同专用条款中约定。

3)工程成本加酬金确定的价格。工程成本按现行计价按照以合同专用条款约定的办法计算,酬金按工程成本乘以通过竞争确定的费率计算,从而确定工程竣工结算价。在此类合同中发包人承担了工程成本实际发生的全部风险,承包人不考虑此部分风险。

(2)按施工的内容进行分类。依据建设工程种类的不同,施工合同可分为土木工程施工合同、设备安装施工合同、管道线路敷设施工合同、装饰装修以及房屋修缮施工合同等。

(3)按承包单位的数量不同进行分类。依据承包单位数量的不同,可以将施工合同分为总承包施工合同与分别承包施工合同。

发包人把全部工程发包给一个施工企业总承包的合同为总承包施工合同;由于工程规模较大或者专业复杂,发包人把工程分别发包给几个施工企业承包的合同是分别承包施工合同。

7.3.2 《建设工程施工合同文本》简介

1.《建设工程施工合同文本》的组成

依据有关工程建设施工的法律、法规,结合我国工程建设施工的实际状况,并且借鉴了国际上广泛使用的土木工程施工合同(尤其是FIDIC土木工程施工合同条件),1999年12月24日国家建设部、国家工商行政管理局发布了《建设工程施工合同(示范文本)》(以下简称《施工合同文本》)。《施工合同文本》是对国家建设部、国家工商行政管理局于1991年3月31日发布的《建设工程施工合同示范文本》的修改,是各类公用建筑、工业厂房、民用住宅、交通设施与线路管道的施工和设备安装的样本。

《施工合同文本》由"协议书"、"通用条款"、"专用条款"三部分组成,且附有三个附件:附件一为"承包人承揽工程项目一览表"、附件二为"发包人供应材料设备一览表"、附件三为"工程质量保修书"。

"协议书"是《施工合同文本》中总纲性质的文件。虽然其文字量并不大,但是它规定了合同当事人双方最主要的权利、义务,规定了组成合同的文件与合同当事人对履行合同义务的承诺,且合同当事人在这份文件上签字盖章,因此具有较高的法律效力。

"通用条款"是依据《合同法》、《建筑法》、《建设工程施工合同管理办法》等法律法规对承发包双方的权利、义务作出的规定,除了双方协商一致对其中的某些条款作了修改、补充或者取消,双方都必须履行。它是把建设工程施工合同中共性的一些内容抽象出来编制的一份完整的合同文件。"通用条款"具有较强的通用性,基本适用于各类建设工程。

考虑到建设工程的内容不尽相同,工期、造价也随之变动,承包、发包人各自的能力、施工现场的环境与条件也各不相同,"通用条款"不能完全适用于每个具体工程,因此配之以"专用条款"对其作必要的修改与补充,使"通用条款"与"专用条款"成为双方统一意愿的体现。"专用条款"的条款号与"通用条款"相一致,但是主要是空格,由当事人依据工程的具体情况予以明确或对"通用条款"进行修改及补充。

《施工合同文本》的附件是对施工合同当事人的权利、义务的进一步明确,且使得施工合同当事人的有关工作一目了然,便于执行和管理。

2. 施工合同文件的组成及解释顺序

组成建设工程施工合同的文件主要内容如下:

(1)施工合同协议书。

(2)中标通知书。

(3)投标书以及其附件。

(4)施工合同专用条款。

(5)施工合同通用条款。

(6)标准、规范以及有关技术文件。

(7)图纸。

(8)工程量清单。

(9)工程报价单或者预算书。

双方有关工程的洽商、变更等书面协议或者文件视为协议书的组成部分。

上述合同文件应该能够互相解释、互相说明。若合同文件中出现不一致上面的顺序就是合同的优先解释顺序。若合同文件出现含糊不清或者当事人有不同理解，按照合同争议的解决方式处理。

7.3.3 建筑工程施工合同双方的权利与义务

1. 发包方工作

(1)办理土地征用、拆迁补偿及平整施工场地等工作，使施工场地具备施工条件。

(2)把施工所需水、电、电讯线路从施工场地外部接到专用条款约定地点，并且保证施工期间的需要。

(3)开通施工场地与城乡公共道路的通道及专用条款约定的施工场地内的主要交通干道，以满足施工运输的需要，确保施工期间的畅通。

(4)向承包方提供施工场地的工程地质与地下管线资料，保证数据真实，位置准确。

(5)办理施工许可证与临时用地、停水、停电、中断道路交通、爆破作业及可能损坏道路、管线、电力、通信等公共设施法律、法规规定的申请批准手续以及其他施工所需要的证件(证明承包方自身资质的证件除外)。

(6)确定水准点和坐标控制点，以书面形式交给承包方，并且进行现场交验。

(7)组织承包方与设计单位进行图纸会审与设计交底。

(8)协调处理施工现场周围地下管线与邻近建筑物、构筑物(包括文物保护建筑)、古树名木的保护工作，并且承担相关费用。

(9)发包方需做的其他工作，双方在专用条款内约定。

发包方可将上述部分工作委托承包方办理，具体内容由双方在专用条款内具体约定，其费用由发包方承担。

发包方不按照合同约定完成以上义务，导致工期延误或者给承包方造成损失的，赔偿承包方的有关损失，延误的工期应相应顺延。

2. 承包方工作

(1)依据发包方的委托，在其设计资质允许的范围内，完成施工图设计或者与工程配套的设计，经过工程师确认后使用，发生的费用由发包方承担。

(2)向工程师提供年、季、月工程进度计划，以及相应进度统计报表。

(3)按照工程需要提供与维修非夜间施工使用的照明、围栏设施，并负责安全保卫。

(4)按照专用条款约定的数量与要求，向发包方提供在施工现场办公与生活的房屋及设施，发生费用由发包方承担。

(5)遵守有关部门对施工场地交通、施工噪音及环境保护与安全生产等的管理规定，按管理规定办理相关手续，且以书面形式通知发包方。发包方承担由此发生的费用，但由承包方责任造成的罚款除外。

(6)已经竣工工程交付发包方之前，承包方按照专用条款约定负责已完工程的成品保护工作，保护期间发生损坏，承包方要自费予以修复。要求承包方采取特殊措施保护的单位工程的部位与相应追加合同价款，在专用条款内约定。

(7)按照专用条款的约定做好施工现场地下管线的邻近构筑物、建筑物(包括文物保护建筑)、古树名木的保护工作。

(8)确保施工场地清洁符合环境卫生管理的相关规定。交工前清理现场达至专用条款约定的要求,承担因自身原因违反有关规定造成的损失与罚款。

(9)承包方需做的其他工作,双方在专用条款内约定。

承包方不履行上述各项义务,造成发包方损失时,应对发包方的损失给予赔偿。

3. 工程师的产生和职权

(1)工程师的产生和易人。工程师包括监理单位委派的总监理工程师或发包人指定履行合同的负责人两种情况。

1)发包方委托监理。发包方可以委托监理单位,全部或部分负责合同的履行。国家推行工程监理制度。对于国家规定的实行强制监理的工程施工,发包方须委托监理;对于国家未规定实施强制监理的工程施工,发包方也可委托监理。工程施工监理应该依照法律、行政法规及有关的技术标准、设计文件与建设工程施工合同,对承包方在施工质量、建设工期和建设资金使用等方面,代表发包方实施监督。发包方应该将委托的监理单位名称、监理内容及监理权限以书面形式通知承包方。除合同内有明确约定或者经发包方同意外,负责监理的工程师无权解除承包方的任何义务。

监理单位委派的总监理工程师在施工合同中被称为工程师。总监理工程师是经监理单位法定代表人授权的,派驻到施工现场监理组织的总负责人,行使监理合同赋予监理单位的权利与义务,全面负责受委托工程的建设监理工作。监理单位委派的总监理工程师的姓名、职务、职责应该向发包方报送,在施工合同专用条款中应该写明总监理工程师的姓名、职务及职责。

2)发包方派驻代表。发包方派驻到施工场地履行合同的代表在施工合同中也称工程师。发包方代表是经过发包方单位法定代表人授权,派驻施工现场的负责人,他的姓名、职务、职责在专用条款内约定,但是职责不得与监理单位委派的总监理工程师职责相互交叉。双方职责发生交叉或者不明确时,由发包方明确双方职责,且以书面形式通知承包方。当前,许多工程发包方同时委托监理与派驻代表,两者职责若发生交叉,会给工程施工的管理带来了困难,发包方应该避免这种情况的出现,一旦出现,应该尽早解决。

3)工程师易人。工程师易人,发包方应至少于易人之前7天以书面形式通知承包方,后任继续履行合同文件约定的前任的权利与义务,不能更改前任作出的书面承诺。

(2)工程师的职责。工程师按照约定履行职责。发包方对工程师行使的权力范围通常都有一定的限制,例如对委托监理的工程师要求其在行使认可索赔权力时,如索赔额超过一定限度,则须先征得发包方的批准。工程师的具体职责如下:

1)工程师委派具体管理人员。在施工过程中,不可能所有的监督与管理工作都由工程师亲自完成。工程师可以委派具体管理人员,行使自己的部分权力,且可在认为必要时撤回委派,委派与撤回都应提前7天以书面形式通知承包方,负责监理的工程师还应把委派和撤回通知发包方。委派书与撤回通知作为合同附件。工程师代表在工程师授权的范围内向承包方发出的任何书面形式的函件,与工程师发出的函件有同等效力。

2)工程师发布指令、通知。工程师的指令、通知由其本人签字之后,以书面形式交给承包方代表,承包方代表在回执上签署姓名与收到时间后生效。确有必要时,工程师可以发出口头指令,并且在48小时内给予书面确认,承包方对工程师的指令应予以执行。工程师不能及时给予书面确认,承包方应该在工程师发出口头指令之后7天内提出书面确认要求。工程师在承包方提出确认要求之后48小时内不予答复,应视作承包方要求已被确认。

承包方认为工程师指令不合理,应该在收到指令后24小时内提出书面申告,工程师要在收到承包方申告后24小时内作出修改指令或继续执行原指令的决定,且以书面形式通知承包方。若紧急情况,工程师要求承包方立即执行的指令或承包方尽管有异议,但工程师决定继续执行的指令,承包方应予执行。因指令错误发生的费用与给承包方造成的损失由发包方负责,延误的工期相应顺延。

对于工程师代表在其权限范围内发出的指令与通知,视为工程师发出的指令与通知。但工程师代表发出指令失误时,工程师可以纠正。除了工程师与工程师代表外,发包方驻工地的其他人员都无权向承包方发出任何指令。

3)工程师应该及时完成自己的职责。工程师应该按合同约定,及时向承包方提供所需指令、批准、图纸并且履行其他约定的义务,否则承包方在约定时间后24小时内把具体要求、需要的理由与延误的后果通知工程师,工程师收到通知后48小时内若不予答复,应承担延误造成的追加合同价款,并且赔偿承包方有关损失,顺延延误的工期。

4)工程师做出处理决定。在合同履行中,发生影响承发包双方权利或者义务的事件时,负责监理的工程师应该依据合同在其职权范围内客观公正地进行处理。为确保施工正常进行,承发包双方应尊重和执行工程师的决定。承包方对工程师的处理若有异议,按合同约定争议处理办法解决。

4.承包方项目经理的产生和职责

(1)承包方项目经理是由承包方单位法定项目经理人授权的,派驻至施工场地的承包方的总负责人,也就是工程施工的项目经理。他代表承包方负责工程施工的组织与实施。承包方施工质量及进度管理方面的好坏与承包方项目经理的水平、能力、工作热情有着较大的关系。通常都应当在投标书中明确承包方项目经理,并且作为评标的一项内容。最后,承包方项目经理的姓名以及职务在专用条款内约定。承包方项目经理一旦确定之后,则不能随便易人。

承包方项目经理易人,承包方应该至少于易人前7天以书面形式通知发包方,后任要继续履行合同文件约定的前任的权利与义务,不得更改前任作出的书面承诺。由于前任承包商代表的书面承诺是代表承包商的,所以承包商项目经理的易人并不意味着合同主体的变更,双方均应履行各自的义务。

发包方可与承包方协商,建议调换其认为不称职的承包方项目经理。

(2)承包方项目经理的职责。

1)代表承包方向发包方提出要求与通知。承包方项目经理有权代表承包方向发包方提出要求与通知。承包方的要求与通知,以书面形式由承包方项目经理签字后送至工程师,工程师在回执上签署姓名与收到时间后生效。

2)组织施工。承包方项目经理按照工程师认可的施工组织设计(或施工方案)与依据合同发出的指令,要求组织施工。在情况紧急且无法与工程师联系时,应该采取保证人员生命和工程财产安全的紧急措施,且在采取措施后48小时内向工程师送交报告。若责任在发包方与第三方,由发包方承担由此发生的追加合同价款,相应顺延工期;若责任在承包方,由承包方承担费用,不顺延工期。

7.3.4 建筑工程施工合同的订立与履行

1.施工合同的订立

(1)订立施工合同应该具备的条件。

1)初步设计已经批准。

2)工程项目已经列入年度建设计划。

3)有能够满足施工需要的设计文件与有关技术资料。

4)建设资金与主要建筑材料设备来源已经落实。

5)招投标工程,中标的通知已经下达。

(2)订立施工合同的程序。施工合同作为合同的一种,其订立也应该经过要约和承诺两个阶段。最后,把双方协商一致的内容以书面合同的形式确立下来。其订立方式有两种:直接发包与招标发包。若没有特殊情况,工程建设的施工都应该通过招标投标确定施工企业。

中标通知书发出之后,中标的施工企业应该与建设单位及时签订合同。根据《招标投标法》的规定,中标通知书发出30天内,中标单位应该与建设单位依据招标文件、投标书等签订工程承发包合同(施工合同)。签订合同的须是中标的施工企业,投标书中已经确定的合同条款在签订时不得更改,合同价应该与中标价相一致。若中标施工企业拒绝与建设单位签订合同、则建设单位将不再返还投标保证金(若是由银行等金融机构出具投标保函的,则投标函出具者应该承担相应的保证责任),建设行政主管部门或者其授权机构还可以给予一定的行政处罚。

2.施工合同的履行

施工合同一经依法订立,即具有法律效力,双方当事人应该按合同约定严格履行。

(1)安全施工。承包人按照工程质量、安全以及消防管理有关规定组织施工,并且随时接受行业安全检查人员依法实施的监督及检查,采取严格的安全防护措施,承担由于自身的安全措施不力而造成事故的责任与因此发生的费用。非承包人责任造成安全事故的,由责任方承担责任与发生的费用。

发生重大伤亡以及其他安全事故,承包人应该按有关规定立即上报有关部门并且通知工程师,同时按照政府有关部门要求处理,发生的费用由事故的责任方承担。

承包人在动力设备、输电线路、密封防震车间、易燃易爆地段及临街交通要道附近施工时,施工开始之前应向工程师提出安全保护措施,经过工程师认可后实施,防护措施的费用由发包人承担。

实施爆破作业,在放射、毒害性的环境中施工(含存储、运输、使用)及使用毒害性、腐蚀性物品施工时,承包人需在施工前14天以书面形式通知工程师,且提出相应的安全保护措施,经过工程师认可后实施。安全保护措施的费用由发包人承担。

(2)不可抗力。不可抗力事件发生之后,对施工合同的履行会造成较大的影响。在合同订立时应该明确不可抗力的范围。在施工合同的履行中,应该加强管理,在可能的范围减少或者避开不可抗力事件的发生(例如爆炸、火灾等有时就是因为管理不善引起的)。不可抗力事件发生后应该尽量减少损失。不可抗力是指合同当事人不能预见或不能避免且不能克服的客观情况。建设工程施工中不可抗力包括因战争、动乱、空中飞行物坠落或者其他非发包人责任造成的爆炸、火灾及专用条款约定的风、雨、雪、洪水、地震等自然灾害。不可抗力事件发生之后,承包人应该在力所能及的条件下迅速采取措施,尽量减少损失,并在不可抗力事件结束之后48小时内向工程师通报受害情况和损失情况以及预计清理与修复的费用。发包人应该协助承包人采取措施。不可抗力事件持续发生,承包人应该每隔7天向工程师报告一次受害情况,并且于不可抗力事件结束后14天内,向工程师提交清理与修复费用的正式报告及有关资料。

由于不可抗力事件导致的费用以及延误的工期由双方按照以下方法分别承担:

1)工程本身的损害、第三方人员伤亡与财产损失以及运到施工场地用于施工的材料与待安装的设备的损害,由发包人承担。

2)承发包双方人员伤亡由其所在的单位负责,并且承担相应的费用。

3)承包人机构设备损坏以及停工损失,由承包人承担。

4)停工期间,承包人应工程师要求留在施工场地的必要的管理人员以及保卫人员的费用由发包人承担。

5)工程所需清理及修复费用,由发包人承担。

6)延误的工期应相应顺延。

由于合同一方迟延履行合同后发生不可抗力的,不能免除相应的责任。

(3)保险。尽管我国对工程保险(主要是施工过程中的保险)没有强制性的规定,但是随着业主负责制的推行,以前存在着事实上由国家来承担不可抗力风险的情况将会有很大改变。工程项目参加保险的情况也会越来越多。

双方的保险义务分担情况如下:

1)工程开工之前,发包人应当为建设工程和施工场地内发包人员以及第三方人员生命财产办理保险,支付保险费用。发包人可将上述保险事项委托承包人办理,但是费用由发包人承担。

2)承包人需为从事危险作业的职工办理意外伤害保险,并且为施工场地内自有人员生命财产与施工机械设备办理保险,支付保险费用。

3)运到施工场地内用于工程的材料与待安装设备,不论由承发包双方任何一方保管,均应有发包人(或委托承包人)办理保险,并且支付保险费用。

保险事故发生时,承发包双方均有责任尽力采取必要的措施,防止或者减少损失。

保险合同订立之后,保险合同当事人双方必须严格地、全面地按照保险合同订明的条款履行各自的义务。在订立保险合同之前,当事人双方都应履行告知义务。即保险人应将办理保险的相关事项告知投保人;投保人应该按照保险人的要求,将主要危险情况告知保险人。在保险合同订立后,投保人应按约定期限,交纳保险费,应该遵守有关消防、安全、生产操作和劳动保护方面的法规以及规定。保险人可对保险财产的安全情况进行检查，若发现不安全因素，应该及时向投保人提出清除不安全因素的建议。在保险事故发生之后，投保人有责任采取一切措施避免扩大损失，且将保险事故发生的情况及时通知保险人。保险人对于保险事故所造成的保险标的损失或引起的责任，应该按照保险合同的规定履行赔偿或者给付责任。

保险事故发生之后，保险人已支付了全部保险金额，且保险金额相等于保险价值的，受损保险标的全部权利应归于保险人；保险金额低于保险价值的，保险人按保险金额与保险时此保险标的的价值取得保险标的的部分权利。

(4)担保。承发包双方为了全面履行合同，应该互相提供以下担保：

1)发包人向承包人提供履约担保，按照合同约定支付工程价款以及履行合同约定的其他义务。

2)承包人向发包人提供履约担保，按照合同约定履行自己的各项义务。

(5)关于工程分包。工程分包是指经合同约定与发包单位认可，从工程承包人承包的工程中承包部分工程的一种行为。承包人按有关规定对承包的工程进行分包是允许的。

1)分包合同的签订。承包人必须自行完成建设项目(或者单项工程、单位工程)的主要部分，其非主要部分或者专业性较强的工程可分包给营业条件符合此工程技术要求的建筑安装单位。机构与技术要求相同的群体工程，承包人应该自行完成半数以上的单位工程。承包人按照专用条款的约定分包所承包的部分工程，且与分包单位签订分包合同。非经发包人同意，承包人不能将承包工程的任何部分分包。分包合同签订之后，发包人与分包单位间不存在直接的合同关系。分包单位应该对承包人负责，承包人对发包人负责。

2)分包合同的履行。工程分包不能解除承包人任何责任与义务。承包人应该在分包场地派驻相应的监督管理人员，保证本合同的履行。分包单位任何违约行为、安全事故疏忽导致工程损害或者给发包人造成其他损失，承包人承担连带责任。分包工程的价款由承包人与分包单位结算。发包人未经过承包人同意不能以任何名义向分包单位支付各种工程款项。

(6)关于工程转包。工程转包是指不行使承包人的管理职能，也不承担技术经济责任，把所承包的工程倒手转给他人承包的行为。承包人不能将其承包的全部工程转包给他人，也不能将其承包的全部工程肢解以分包的名义分别转包给他人。工程转包，既违反合同，同时也违反我国有关法律和法规的规定。

下列行为都属转包：

1)承包人把承包的工程全部包给其他施工单位，从中提取回扣者。

2)承包人把工程的主要部分或群体工程(指结构技术要求相同的)中半数以上的单位工程承包给其他施工单位者。

3)分包单位把承包的工程再次分包给其他施工单位者。

(7)专利技术与特殊工艺。发包人要求使用专利技术或者特殊工艺，必须负责办理相应的申报手续，承担申报、试验、使用等费用。承包人提出使用专利技术或者特殊工艺，报工程师认可之后实施。承包人负责办理申报手续且承担有关费用。擅自使用专利技术侵犯他人专利权，责任者应承担全部后果以及所发生的费用。

(8)文物与地下障碍物。在施工中发现古墓、钱币等文物及化石或者其他有考古、地质研究等价值的物品时,承包人需立即保护好现场,并于4小时内以书面形式通知工程师,工程师应该于收到书面通知后24小时内报告当地文物管理部门,承发包双方按照文物管理部门要的求采取妥善保护措施。发包人承担由此发生的费用,延误工期相应顺延。施工中若发现影响施工的地下障碍物,承包人应于8小时内以书面形式通知工程师,同时应提出处置方案,工程师收到处置方案后24小时内予以认可或者提出修正方案。发包人承担由此发生的费用,延误工期相应顺延。

7.3.5 建筑工程施工合同的违约责任

1. 发包人的违约责任

(1)发包人不按时支付工程款(或进度款)的违约责任。发包人超过约定支付时间不支付工程款(进度款),承包人可以向发包人发出要求付款的通知,发包人在收到承包人通知之后仍不能按要求支付,可以与承包人协商签订延期付款协议,经过承包人同意后可以延期支付。协议须明确延期支付时间与从发包人代表计量签字后第15天起计算应付款的贷款利息。发包人不按照合同约定支付工程款(进度款),双方又未达成延期付款协议,导致施工无法进行,承包人可以停止施工,由发包人承担违约责任。

(2)发包人不按时支付结算价款的违约责任。发包人收到竣工结算报告以及结算资料后28天内无正当理由不支付工程竣工结算价款的,从第29天起按照承包人同期向银行贷款利率支付拖欠工程价款的利息,且承担违约责任。发包人收到竣工决算报告以及结算资料后28天内不支付工程竣工结算价款,承包人可催告发包人支付结算价款。发包人在收到竣工结算报告以及结算资料后56天内仍不支付的,承包人就该工程折价或者拍卖的价款优先受偿。

(3)其他发包人不履行合同义务或不按照合同约定履行义务的情况。如果发包人有其他违约情况的,应该赔偿违约行为给承包人造成的经济损失,延误的工期应该相应顺延。这里所说的违约情况包括发包人不履行或不按照约定履行合同中要求完成的所有义务。

2. 承包人的违约责任

承包人不能按照合同工期竣工,工程质量达不到约定的质量标准,或者由于承包人原因致使合同无法履行,承包人承担违约责任,赔偿由于其违约给发包人造成的损失。双方应该在专用条款内约定承包人赔偿发包人损失的计算方法或承包人应该支付违约金的数额与计算方法。

7.3.6 建筑工程施工合同的变更与解除

1. 设计变更

在施工过程中若发生设计变更,将对施工进度产生很大的影响。因此,应该尽量减少设计变更,若必须对设计进行变更,必须严格按国家的规定与合同约定的程序进行。

(1)发包人对原设计进行变更。施工中发包人若需要对原工程设计进行变更,应不迟于变更之前14天以书面形式向承包人发出变更通知,变更超过原设计标准或批准的建设规模时,必须经原管理部门与其他有关部门审查批准,且由原设计单位提供变更的相应的图纸与说明。发包人办妥上述事项之后,承包人根据发包人变更通知并按照工程师要求进行变更。

(2)承包人对原工程设计进行变更。承包人应该严格按照图纸施工,不得随意变更设计。施工中承包人提出的建议涉及对设计图纸或施工组织设计的变更以及对原材料、设备的换用,必须经工程师同意。工程师同意变更后,也必须经原规划管理部门与其他有关部门审查批准,并且由原设计单位提供变更的相应的图纸和说明。承包人未经过工程师同意擅自变更设计的,因擅自变更设计发生的费用与由此导致发包人的直接损失,由承包人承担,延误的工期不予顺延。

工程师同意采用承包人的合理化建议,所发生的费用与获得的收益,由承发包双方另行约定分担或者分享。

(3)设计变更事项　能够构成设计变更的事项包括以下几点:

1)更改有关部分的标高、基线、位置与尺寸;

2)增减合同中约定的工程量;

3)改变有关工程的施工时间与顺序;

4)其他有关工程变更所需的附加工作。

由于发包人对原设计进行变更以及经工程师同意的、承包人要求进行的设计变更,导致合同价款的增减以及造成的承包人损失,要由发包人承担,延误的工期相应顺延。

2. 其他变更

合同履行中发生的其他实质性的变更,由双方协商解决。

3. 变更价款的确定

(1)变更价款的确定程序。设计变更发生之后,承包人在工程设计变更确定后14天内,提出变更工程价款的报告,经过工程师确认后调整合同价款。承包人在确定变更之后14天内不向工程师提出变更工程价款报告时,便视为该设计变更不涉及合同价款的变更。工程师在收到变更工程价款报告之日起14天内,予以确认。若工程师无正当理由不确认,自变更价款报告送达之日起14天之后变更工程价款报告自行生效。

(2)变更价款的确定方法　变更合同价款按下列方法进行:

1)合同中已经有适用于变更工程的价格,按照合同已有价格计算、变更合同价款;

2)合同中只有类似于变更工程的价格,可参照此价格确定变更价格,变更合同价款;

3)合同中没有适用或者类似于变更工程的价格,由承包人提出适当的变更价格,经过工程师确认后执行。

4. 合同解除

施工合同订立以后,当事人应当按合同的约定履行。但是,在一定的条件下,合同没有履行或完全履行,当事人也可以解除合同。

(1)可以解除合同的情形。在下列情况下,施工合同能够解除:

1)合同的协商解除。施工合同当事人协商一致,可以解除。这是在合同成立以后、履行完毕以前,双方当事人可通过协商而同意终止合同关系的解除。当事人的此项权利是合同中意思自治的具体体现。

2)发生不可抗力时合同的解除。因不可抗力或非合同当事人的原因,造成工程停建或者缓建,致使合同无法履行,合同双方可以解除合同。

3)当事人违约时合同的解除。合同当事人出现以下违约情况时,可以解除合同:

第一,当事人不按照合同约定支付工程款(进度款),双方又没有达成延期付款协议,导致施工无法进行,承包人停止施工超过56天,发包人仍然不支付工程款(进度款),承包人便有权解除合同。

第二,承包人把其承包的全部工程转包给他人,或肢解以后以分包的名义分别转包给他人,发包人则有权解除合同。

第三,合同当事人一方的其他违约导致合同无法履行,合同双方可以解除合同。

(2)一方主张解除合同的程序。一方主张解除合同的,应该向对方发出解除合同的书面通知,并在发出通知之前7天告知对方。通知到达对方时合同解除。对于解除合同有异议的,按解决合同争议程序处理。

(3)合同解除后的善后处理。合同解除后,当事人双方约定的结算与清理条款仍然有效。承包人应该妥善做好已完工程和已购材料、设备的保护与移交工作,按发包人要求将自有机械设备和人员撤出施工场地。发包人应该为承包人撤出提供必要的条件,支付以上所发生的费用,且按照合同约定支付已完工程价款。已订货的材料、设备由订货方负责退货,不能退还的货款与退货,解除订货合同发生的费用,由发包人承担。但是未及时退货造成的损失由责任方承担。

7.3.7 项目经理进行建筑工程施工合同谈判的方法

目前国内很多施工企业在建筑工程的投标阶段、合同谈判阶段往往不重视项目经理是否参与,此种做法是不妥当的,它不利于项目经理全面了解项目造价、工期及质量等各方面的风险,不利于项目经理在工程中标以后更好地履行合同。因此在条件允许的情况下,项目经理应该积极参与工程项目的投标工作,熟悉招标文件内容。如招标文件中附有合同条款,项目经理应研究合同条款的相关内容,同时也要了解投标文件的内容,确认向招标人发出的各项承诺,并且根据自身的实际情况、拟组建的项目组织机构情况、工程项目情况、发包人情况以及合同种类,做好合同谈判准备工作,争取通过合同谈判获得更加公平合理、更有利于合同双方履约的合同条件。

通常来讲在谈判前项目经理应该参与确定合同谈判人员,并应该与其他参与谈判的人员进行充分的沟通,确定需要谈判的具体条款,明确分工,统一口径,确定谈判的策略,明确签约底线。

针对合同的具体条款,项目经理在谈判时通常应重点关注以下内容:

1.关于工程内容与范围的确认

(1)工程内容是指反映工程状况的指标性内容。主要包括工程的建设规模及结构特征等。对于房屋建筑工程,是指建筑面积、结构类型、层数等;对于道路、桥梁、隧道、机场、堤坝等其他土木建筑工程,是指反映设计生产能力或者工程效益的指标,例如长度、跨度、容量等。群体工程包括的工程内容通常都有列表说明。

(2)工程承包范围是指承包人承包的工作范围与内容。是依据招标文件或施工图纸确定的承包范围,如土建工程或土建、线路、管道、设备安装及装饰装修工程,亦可以具体到采暖卫生与煤气、电气、通风与空调、通讯、电梯、消防等专业工程的安装及室外线路、管道、围墙、道路、绿化等工程。

(3)在签订合同前的谈判中,项目经理须与发包人首先确认合同规定的工程内容与范围。项目经理要认真重新核实投标报价的工程项目内容与范围,重新核实投标报价的工程项目内容与合同中表述的内容是否一致,合同文字的描述与图纸的表达是否准确,不能含混模糊;还要查实投标报价有没有任何只能凭推测与想象计算的成分。若有这种成分,则应通过谈判予以澄清与调整。必须力争删除或修改合同中出现的诸如"除另有规定外的一切工程"、"承包人可以合理推知所需提供的为本工程实施需要的一切辅助工程"之类含混不清的工程内容或者工程责任等说明词句。对于在谈判中经双方确认的内容及范围方面的修改或者调整,必须和其他所有在谈判中双方达成一致的内容一样,以文字方式确定下来,或修改合同文本,或以"合同补充"或"会议纪要"的方式作为合同附件且说明其为构成合同的一部分。

2. 关于工程量的调整

发包人提出增减工程项目或者要求调整工程量和工程内容时,项目经理务必在技术与商务等方面重新核实,确有把握方可应允。同时应要求发包人对变化之后的工程量表或图纸予以书面确认,相应价格也应通过谈判确认并填入工程量清单。另外,若承包方式是"包工包料",合同文件中已经载明遇"设计变更"后的处理方式,应该依据合同文件要求按照设计变更的方法确认变更内容与结算工程量,否则项目经理应注意对如何调整因设计变更导致的工程量的变化要进行约定,切不可笼统描述"包工包料"、"一次包死"等较含混的词句。对于发包人要求"包工包料"、"一次包死"时,项目经理至少应该要求在合同文件中载明"设计变更除外"。

3. 关于施工组织方案的变动

因为施工组织方案是承包人投标报价时的根据之一,所以旦发包人提出改进施工组织方案或者对方案做出某些修改和变动的要求时,项目经理首先应该认真对其技术合理性、经济可行性及在商务方面的影响等进行综合分析,权衡利弊后方能表态,有条件的接受或拒绝。如果同意修改或变动,该变动必定对价格与工期产生影响,应利用这一时机争取变更价格或者要求发包人改善合同条件以谋求更好的效益。

4. 关于招标文件中不确定的内容

(1)对于招标文件中的"可供选择的项目"与"临时项目",应力争说服发包人在合同签订前予以确认,或者商定一个最后确认期限。

(2)对于一般的单价合同,如果发包人在原招标文件中未明确工程量变更部分的限度,则谈判时应该要求与发包人共同确定一个"增减量幅度",如超过该幅度,承包人有权要求对工程单价进行调整。

5. 关于技术要求、技术规范与施工技术方案

技术要求是发包人极为关切而承包人也应该更加重视的问题,建筑工程技术规范的国家标准是强制性的标准,企业必须遵守。

投标中应该仔细查看投标人的施工方法等是否与招标文件中的技术规范相符。若有差异,要研究自己是否能做到,以及其经济性如何。若有问题,要争取合法情况下的变通措施,如采用其他规范,应该争取在谈判过程中获得发包人的认可。

对于大型项目,当发包人不能提供足够的水文资料、气象资料、地质资料时,除了在投标报价时做好相应的技术措施,考虑足够的不可预见费用之外,在合同条款中也必须明确双方的责任。

7.4 建筑工程物资采购合同管理

7.4.1 材料采购合同基本概念

材料采购合同是指以工程项目需要的材料为标的的平等主体的自然人、法人,其他组织间设立、变更、终止材料采购权利与义务关系的协议,属于买卖合同。

由于建筑材料品种多、质量、数量与价格差异较大,依据工程项目的需要,有的数量庞大、有的要求技术条件高,所以在订立合同时采用的方式也不尽相同,通常采用招标方式、直接定购或询价—报价—签订合同等方式订立材料采购合同。

7.4.2 材料采购合同的主要条款

由于材料的品种多,质量差别大,所以其合同格式不尽相同,但是其主要条款是相同的,现介绍如下:

(1)双方当事人的名称,地址,法定代表人姓名,委托代订合同时,应该注明代理人的姓名、职务等。

(2)合同的标的:材料的名称、品种、型号、规格等应该符合工程承包合同中的规定与监理工程师的指示要求。

(3)技术标准或质量要求:质量条款应该明确各类材料的技术要求,试验项目、试验方法以及试验频率。

(4)材料的数量及计量方法:材料数量的确定由当事人协商,应该以材料清单为依据,并规定交货数量的正负尾差、合理磅差与在途自然减(增)量及计算方法。计量单位按照国家规定的度量衡标准,计量方法按照国家的有关规定执行,没有规定的,可以由当事人协商执行。

(5)材料的包装:材料的包装是保护材料在储运过程中免受损坏所不可缺少的。包装质量可以按国家与有关部门规定的标准签订,当事人若有特殊要求,可由双方商定标准,但是应保证材料包装适合材料的运输方式,且根据材料特点采取防潮、防雨、防震、防锈、防腐蚀的保护措施。

(6)材料交付方式:材料交付可采取送货、自提与代运三种不同的方式。由于工程用料数量多、体积大、品种众多、时间性强,当事人应该采取合理的交付方式,明确交货地点,以便能够及时、准确、安全、经济地履行合同。

(7)材料的交货期限:材料的交货期限应该以承包合同进度安排为前提,规定交货的批次、交货时间。

(8)材料价格及结算:材料的价格应该在订立合同时明确定价,也可以采用交货时市场价,但是应以交货时全国性物资交易市场的成交价作价。材料价款的结算应该通过银行转账或者用票据结算,并在交货验收后付款。

(9)违约责任:在合同中,当事人应该对违反合同应负的经济责任作出明确规定。

(10)特殊条款:若双方当事人对一些特殊条件或者要求达成一致意见,也可以在合同中明确规定,成为合同的条款。当事人对以上条款达成一致意见形成书面协议之后,经当事人签名盖章之后,即产生法律效力,若当事人要求鉴证或者公证的,则经鉴证机关或者公证机关盖章方可生效。

7.4.3　设备采购合同的内容及条款

1.设备采购合同标准格式的内容

设备采购合同的内容可以分为三部分:第一部分为约首,即合同开头部分,包括项目的名称、合同号、签约日期、签约地点、双方当事人名称等条款;第二部分是本文,即合同的主要内容,包括合同文件、合同范围与条件、货物及数量、合同金额、付款条件、交货时间与交货地点及合同生效等条款。其中合同文件包括合同条款、投标格式与投标人提交的投标报价表、要求一览表、技术规范、履约保证金、买方授权通知书等;货物与数量、交货时间与交货地点等均在要求一览表中明确;合同金额指合同的总价,分项价格在投标报价表中确定;合同生效条款规定本合同经双方授权代表签字盖章且在买方收到卖方提供的履约保证金后生效。第三部是为合同约尾,即合同的结尾部分,包括双方的名称、签字盖章与签字时间、地点等。

2.设备采购合同标准格式的主要条款

(1)定义:对合同中的术语作出统一解释。

1)"合同"是指买卖双方签署的,合同格式中载明的买卖双方所达成的协议,包括所有附件、附录与构成合同的所有文件。

2)"合同价"是指根据合同规定,卖方在完全履行合同义务后买方应该付给的价金,

3)"货物"是指卖方根据合同规定须向买方提供的一切设备、机械、仪表、备件、工具、手册与其他技术资料及其他材料。

4)"服务"是指根据合同规定卖方承担与供货有关的辅助服务,例如运输、保险及其他的服务,例如安装、调试、提供技术援助、培训与其他类似的义务。

5)"买方"是指根据合同规定支付货款的需方单位。

6)"卖方"是指根据合同规定提供货物与服务的具有法人资格的公司或者实体。

(2)技术规范。提供与交付的货物技术规范应与合同文件的规定相一致。

(3)专利权。卖方应该保护买方在使用该货物或者其任何一部分不受第三方提出侵犯其专利权、商标权与工业设计权的起诉。

(4)包装要求。卖方提供货物的包装应该适应于运输、装卸与仓储的要求,确保货物安全无损运抵现场,且在每件包装箱内附一份详细装箱单与质量合格证,在包装箱表面作

醒目的唛头。

(5)装运条件以及装运通知。卖方应该在合同规定的交货期前30天以电报或者电传形式将合同号、货物名称、数量、包装箱号、总毛重、总体积与交货日期通知买方,同时应用挂号信把详细交货清单及对货物运输与仓储的特殊要求与注意事项通知买方。若卖方交货超过合同规定的数量或者重量,所产生的一切后果由卖方负责。

卖方在货物装完24小时之内应该以电报或者电传的方式通知买方。

(6)保险。出厂价合同,货物装运之后由买方办理保险。目的地交货价的合同,由卖方办理保险。

(7)支付。卖方按照合同规定交货后,买方可按卖方提供的单据与交付货物的价款按比例付款。

(8)技术资料两套。卖方应该在合同生效后的一定时间内将设备与仪器的技术资料一套寄给买方,且在发货时另外随货物发运一套。

(9)质量保证。卖方应该保证货物是全新、未使用过的,且完全符合合同规定的质量、规格与性能的要求,在货物最终验收后的质量保证期内,卖方应该对由于设计、工艺或者材料的缺陷而发生的任何不足或者故障负责,费用由卖方负担。

(10)检验。在发货之前,卖方应对货物的质量、规格、性能、数量与重量等进行准确而全面的检验,且出具证书,但检验结果不应该视为最终检验。

买方在货物运抵现场之后,可申请有关部门进行检验,若有与合同不符合情况,凭该检验证书在规定的时间内向卖方提出索赔。

(11)违约罚款。在履行合同的过程中,若卖方遇到不能按时交货或者提供服务的情况,应及时以书面形式通知买方,且说明不能按时交货的理由以及延误时间。买方在收到通知后,经分析,可以通过修改合同,酌情延长交货时间。

若卖方毫无理由地拖延交货,买方可以没收履约保证金,加收罚款或者终止合同。

(12)不可抗力。发生不可抗力事故后,受事故影响一方应该及时书面通知另一方,双方协商延长合同履行期限或者解除合同。

(13)履约保证金。卖方应该在收到中标通知书后30天内,通过银行向买方提供相当于合同总价10%的履约保证金,其有效期至货物保证期满为止。

(14)争议的解决。执行合同中所发生的争议,双方应该通过友好协商解决,若协商不能解决,当事人应选择仲裁解决或者诉讼解决,具体解决方式应该在此款明确。

(15)破产终止合同。若卖方破产或无清偿能力,买方可以书面形式通知卖方终止合同,并且有权请求卖方赔偿有关损失。

(16)转包与分包。双方应该就卖方能否部分或者全部转让其应履行的合同义务达成一致意见。

(17)其他。合同生效时间,合同正本份数,修改或者补充合同的程序等。实行监理的工程,设备采购合同订立之后,买方应该向监理工程师提交合同副本。

7.4.4　材料采购合同的履行管理

1. 材料采购合同的履行

材料采购合同依法订立之后,要求合同当事人按“诚信履行原则”与“全面履行原则”履行合同。

(1)按约定的标的履行。卖方交付的货物须与合同规定的名称、品种、规格、型号相一致,这是全面贯彻履行原则的根本要求,除非买方同意,不允许以其他货物替代合同的标的,也不允许以支付违约金或者赔偿金的方式,代替履行合同,尤其是在有些材料的市场波动比较大的情况,强调这一原则,更有重要意义。

(2)按照合同规定的期限、地点交付货物。交付货物的日期应该在合同规定的交付期限内,交付的地点应该在合同指定的地点。实际交付日期早于或者迟于合同规定的交付期限,即视为提前或者逾期交付。提前交付,买方可拒绝接受,逾期交付,应该承担逾期交付的责任。若逾期交货,买方不再需要,应该在接到卖方交货通知后十五天内通知卖方,逾期不答复,则视为同意延期交货。

交付标的应看作买卖双方的行为,交付标的只有在双方协调配合下才能完成,不能只视为卖方的义务,对于买方来说,根据合同接受货物既是权利,也是义务,不能按照合同接受货物的同样要承担责任。

(3)按照合同规定的数量和质量交付货物。对于交付货物的数量应该场检验,清点数目后,由双方当事人签字。对于质量的检验,外在质量可当场检验,对内在质量,需要做物理或化学试验的,试验结果为验收依据。卖方在交货时,应把产品合格证(或者质量保证书)随同产品(或运单)交买方据验收。

在合同履行中,货物质量是较容易发生争议的方面,尤其是工程施工用料必须经监理工程师的认可,因此,买方在验收材料时,可依据需要采取适当的验收方式,例如:驻厂验收、入库验收或者提运验收等,以满足工程施工对材料的供应要求。

(4)按照约定的价格及结算条款履行。买方在验收材料之后,应按照合同规定履行付款义务,否则将承担违约责任。

(5)违约责任。

1)卖方的违约责任。卖方不能交货的,需向买方支付违约金;卖方所交货物与合同规定不符,应依据情况由卖方负责包换、包退并承担由此而造成的买方损失;卖方不能按照合同规定期限交货的,应负逾期交货责任或提前交货责任。

2)买方的违约责任。买方中途退货,应该向卖方偿付违约金;逾期付款,应按中国人民银行相关延期付款的规定向卖方偿付逾期付款的违约金。

2. 材料采购合同的管理

工程师对材料采购合同的管理主要包括下三方面的工作:

(1)监督材料采购合同的订立。工程师虽不参与材料采购合同的订立工作,但是应监督材料采购合同符合项目施工合同中的描述,指令合同中标的质量等级及技术要求,且对采购合同的履行期限进行限制。

(2)检查材料采购合同的履行。工程师应该对进场材料作全面检查与检验,对检查或者检验的材料认为有缺陷或者不符合合同要求,工程师可以拒收这些材料,且指示在规定的时间内将材料运出现场;工程师也可以指示用合格适用的材料代替原来的材料。

(3)分析材料采购合同的执行。对材料采购合同执行情况的分析,应该从投资控制、进度控制或者质量控制的角度对执行中可能出现的问题与风险进行全面分析,防止因为材料合同的执行等因素造成施工合同不能全面履行。

7.4.5 设备采购合同的订立

设备采购合同是指以工程项目所需要设备为标的的平等主体的自然人、法人,其他组织间设立、变更终止设备采购权利与义务关系的协议。属于《合同法》中的买卖合同。

招标设备采购,中标单位在接到中标通知以后,应在规定的期限内由招标单位组织与设备供方签订供货合同,且招标文件和投标文件均为合同的组成部分,随合同一起有效。若投标单位中标后,拒签合同,作违约论,招标单位与设备需方可将投标保证金予以没收,也可以要求中标单位赔偿经济损失,赔偿额不超过中标金额的2%,后一种作法是在未要求投标单位交投标保证金时采用。若设备需方在中标通知发出后与中标单位拒签合同,也应承担赔偿损失的责任,赔偿额为中标金额的2%。

合同生效以后,招标单位可向中标单位收取少量服务费。服务费通常不超过中标设备金额的1.5%。

设备采购合同通常应采用书面的标准格式。

7.4.6 设备采购合同的履行管理

1. 设备采购合同的履行

设备采购合同的履行应该贯彻“诚信履行原则”与“全面履行原则”。

(1)交付货物。卖方应该按合同的规定,按时、按质、按量地履行供货义务,并且作好现场服务工作,及时解决有关设备的技术、质量及缺损件等问题。

(2)验收。买方对卖方交货应该及时进行验收,依据合同规定,对设备的质量以及数量进行核实检验,若有异议,应及时与卖方协商解决。

(3)结算。买方对卖方交付的货物检验未发现问题,应按照合同的规定及时付款;若发现问题,在卖方及时处理达到合同要求以后,也应及时履行付款义务。

(4)违约责任。在合同履行过程中,任何一方均不应借故延迟履约或者拒绝履行合同义务,否则应该追究违约当事人的法律责任。

1)由于卖方交货不符合合同规定,例如交付设备不符合合同规定的标的,或者交付的设备未达到质量技术要求,或者数量、交货日期等与合同规定不相符,卖方应该承担违约责任;

2)由于卖方中途解除合同,买方可以采取合理的补救措施,并且要求卖方赔偿损失;

3)买方在验收货物之后,不能按期付款时,应该按中国人民银行有关延期付款的规定支付相应的违约金;

4)买方中途退货,卖方可以采取合理的补救措施,并且要求买方赔偿损失。

2. 设备采购合同的管理

由于设备是工程项目的物质基础,因此加强设备采购合同管理,对于项目业主实现降低工程成本,协调施工确保进度与保证工程质量极为重要。管理工作由项目法人单位专人主管,委托监理的工程,这项工作主要由监理工程师实施。设备采购合同的管理工作主要包括:

(1)设备采购合同订立之前的管理。项目业主合同管理人员或者监理工程师可参与设备采购的招标工作,参加招标文件的编制,提出对设备的技术要求以及交货期限要求;

(2)合同签订后应该对设备采购合同及时编号,有条件的可输入计算机,以便统一管理与查询;

(3)监督设备采购合同的履行。在设备制造期间,工程师有权对依据合同提供的全部工程设备的材料与工艺进行检查、研究和检验,同时检查其制造进度。依据合同规定或取得承包商的同意,工程师可以将工程设备的检查与检验授权给一名独立的检验员。

工程师认为检查、研究、或者检验的结果是设备有缺陷或者不符合合同规定时,可以拒收此类工程设备,并且就此立即通知承包商。

任何工程设备必须得到工程师的书面许可之后方可运至现场。

7.5　建筑工程索赔

7.5.1　索赔的概念与特征

索赔是当事人在合同实施过程中,根据法律、合同规定及惯例,对并非由于自己的过错,而是由于应由合同对方承担责任的情况造成的,且实际发生了损失,向对方提出给予补偿的要求。

建筑工程项目索赔通常是指在工程合同履行过程中,合同当事人一方因非自身因素或对方不履行或未能正确履行合同而受到经济损失或权利损害时,通过一定的合法程序向对方提出经济或时间补偿的要求。索赔是一种正当的权利要求,它是发包方、监理工程师和承包方之间一项正常的、大量发生而且普遍存在的合同管理业务,是一种以法律和合同为依据的、合情合理的行为。

从索赔的基本含义,可以看出索赔具有以下基本特征:

(1)索赔是双向的,不仅承包人可以向发包人索赔,发包人同样也可以向承包人索赔。由于实践中发包人向承包人索赔发生的频率相对较低,而且在索赔处理中,发包人始终处于主动和有利地位,他可以直接从应付工程款中扣抵或没收履约保函、扣留质保金甚至留置承包商的材料设备作为抵押等来实现自己的索赔要求,因此在工程实践中,大量发生的、处理比较困难的是承包人向发包人的索赔,也是索赔管理的主要对象和重点内容。承包商的索赔范围非常广泛,一般认为只要因非承包商自身责任造成其工期延长或成本增加,都有可能向发包人提出索赔,有时发包人违反合同,如未及时交付施工图纸、合格施工现场、设备未按期供货、决策错误等造成工程修改、停工、返工、窝工,未按合同规定支付工程款等,承包商可向发包人提出赔偿要求:有时发包人未违反合同,而是由于其他原因,如合同范围内的工程变更、恶劣气候条件影响、国家法令、法规修改等造成承包商损失或损害的,也可以向发包人提出补偿要求。

(2)只有实际发生了经济损失或权利损害,一方才能向对方索赔。经济损失是指因对方因素造成合同外的额外支出,如人工费、材料费、机械费、管理费等额外开支;权利损害是指虽然没有经济上直接损失,但造成了一方权利上的损害,如由于恶劣气候条件对工程进度的不利影响,承包商有权要求工期延长等。因此发生了实际的经济损失或权利损害,应是一方提出索赔的一个基本前提条件。有时上述两者同时存在,如发包人未及时交付合格的施工现场,既造成承包商的经济损失,又侵犯了承包商的工期权利,因此,承包商既可以要求经济赔偿,又可以要求工期延长;有时两者则可单独存在,如恶劣气候条件影响,不可抗力事件等,承包商根据合同规定或惯例则只能要求工期延长,很难或不能要求经济赔偿。

(3)索赔是一种未经对方确认的单方行为,它与我们通常所说的工程签证不同。在施工过程中签证是承发包双方就额外费用补偿或工期延长等达成一致的书面证明材料和补充协议,它可以直接作为工程款结算或最终增减工程造价的依据。而索赔则是单方面行为,对对方尚未形成约束力,这种索赔要求能否得到最终实现,必须要通过确认(如双方协商、谈判、调解或仲裁、诉讼)后才能实现。

7.5.2 索赔的作用

索赔与工程承包合同同时存在,建筑工程项目索赔的作用主要体现在以下几个方面:

1. 保证合同的实施

索赔是合同法律效力的具体体现,并且由合同的性质决定。如果没有索赔和关于索赔的法律规定,则合同形同儿戏,对双方都难以形成约束,这样合同的实施得不到保证,就不会有正常的社会经济秩序。索赔能对违约者起警戒作用,使他考虑到违约的后果,以尽力避免违约事件发生。

2. 索赔是落实和调整合同双方经济责、权、利关系的手段

有权力,有利益,同时就应承担相应的经济责任。谁未履行责任,构成违约行为,造成对方损失,侵害对方权利,则应承担相应的合同处罚,予以赔偿。离开索赔,合同责任就不能体现,合同双方的责、权、利关系就不平衡。

3. 索赔是合同和法律赋予受损失者的权利

对承包商来说,是一种保护自己、维护自己正当权益、避免损失、增加利润的手段。在现代承包工程中,特别在国际承包工程中,如果承包商不能进行有效的索赔,不精通索赔业务,往往会使损失得不到合理的及时的补偿,从而不能进行正常的生产经营,甚至会破产。

4. 有助于合同双方提高管理素质

从合同双方整体利益的角度出发,应极力避免干扰事件,避免索赔的发生。

7.5.3　索赔的要求及其条件

1. 索赔要求

建筑工程项目索赔的要求通常有以下两个：

(1)合同工期的延长。承包合同中都有工期(开始期和持续时间)和工程拖延的罚款条款。如果工程拖期是由承包商管理不善造成的,则他必须承担责任,接受合同规定的处罚。而对外界干扰引起的工期拖延,承包商可以通过索赔,取得发包人对合同工期延长的认可,则在这个范围内可免去对他的合同处罚。

(2)费用补偿。由于非承包商自身责任造成工程成本增加,使承包商增加额外费用,蒙受经济损失,他可以根据合同规定提出费用赔偿要求。如果该要求得到发包人的认可,发包人应向他追加支付这笔费用以补偿损失。这样,实质上承包商通过索赔提高了合同价格,不仅可以弥补损失,而且能增加工程利润。

2. 索赔的条件

建筑工程项目索赔的根本目的在于保护自身利益,追回损失(报价低也是一种损失),避免亏本,因此是不得已而用之。要取得索赔的成功,索赔要求必须符合如下基本条件:

(1)客观性。确实存在不符合合同或违反合同的干扰事件,它对承包商的工期和成本造成影响。这是事实,有确凿的证据证明。由于合同双方都在进行合同管理,都在对工程施工过程进行监督和跟踪,对索赔事件都应该,也都能清楚地了解,所以承包商提出的任何索赔,首先必须是真实的。

(2)合法性。干扰事件非承包商自身责任引起,按照合同条款对方应给予补(赔)偿。索赔要求必须符合本工程承包合同的规定。合同作为工程中的最高法律,由它判定干扰事件的责任由谁承担,承担什么样的责任,应赔偿多少等,所以不同的合同条件,索赔要求就有不同的合法性,就会有不同的解决结果。

(3)合理性。索赔要求合情合理,符合实际情况,真实反映由于干扰事件引起的实际损失,采用合理的计算方法和计算基础。承包商必须证明干扰事件与干扰事件的责任、与施工过程所受到的影响、与承包商所受到的损失、与所提出的索赔要求之间存在着因果关系。

7.5.4　范例

1. 索赔申请表填写范例

索赔申请表填写范例,见表7.1。

表7.1 索赔申请表

工程名称:××工程 编号:×××

工程名称	××建筑工程	编号	×××

致:××建设监理公司(监理单位)

根据施工合同第11条规定,由于工程变更单××的变更致使我方造成额外费用的增加原因,我方要求索赔金额(大写)壹万捌仟柒佰伍拾元,请予以批准

索赔的详细理由及经过:

因发生由设计单位提出的工程变更,使我方增加额外费用支出如下:

1. 地下一层1、2段顶板钢筋已绑扎验收合格,需要1/4部分拆除重做

2. 工程变更增加的合同内的施工项目的费用

3. 因工程变更影响工程延期增加的费用

索赔金额的计算:

(根据实际情况,依照工程概预算定额计算)

附:证明材料

1. 监理单位与承包单位对工程变更暂停工时的施工进度记录

2. 工程变更单及图纸

3. 工程变更费用报审表

工程洽商记录及附图

(证明材料主要包括有:合同文件;监理工程师批准的施工进度计划;合同履行过程中的来往函件;施工现场记录;工地会议纪要;工程照片;监理工程师发布的各种书面指令;工程进度款支付凭证;检查和试验记录;汇主变化表;各类财务凭证;其他有关资料。)

承包单位(章): ××建筑工程公司

项目经理: 吴××

日期:2011年3月20日

2. 项目经理在索赔工作中的策略

索赔策略是经营策略的重要组成部分,它必须要体现整个经营战略,体现长远利益与眼前利益、整体利益与局部利益的协调统一。

(1)主动创造索赔机会。在投标时应认真进行现场踏勘、仔细研究分析合同条款、计量支付规则、图纸等,对那些日后可以提出索赔或可能增加工程量的项目单价应该尽量定高些,以备以后获得较高的索赔价款。

(2)及时抓住索赔机会。一旦发现可索赔的机会,应该及时发出索赔通知,按合同约定的索赔程序进行索赔,不能等到工程竣工验收之后再提出索赔要求。

(3)主动配合搞好项目管理工作。项目经理应该组织项目部的全体成员认真地按设计、合同、施工规范以及工程变更进行施工,保证工程质量与工期,努力克服特殊风险或者人力不可抗御的天灾引起的施工困难,减少不利的施工干扰对业主带来的损失,令业主与工程师满意,这是索赔得以成功的基础条件。承包人良好的履约表现,也具有防患业主反索赔的意义。

(4)坚持友好协商的立场。在工程项目索赔中,友好的协商方式往往比尖锐对抗的形式更易解决争端。任何一方若想在谈判中以凌厉的攻势压倒对方,或一开始就企图用

仲裁或者诉讼的方式解决索赔问题，结果往往会事与愿违。

（5）灵活处理索赔。对于索赔额较高、影响面广泛的事件，业主通常都较为重视，对承包人为此类事件的处理做出的努力也十分了解，因此，此类事件的索赔一般容易得到业主的理解与认可。对于小项索赔则应适当采取软处理，即放弃索赔要求，但是须及时向业主发出谅解通知，以表达友好合作的诚意。这样做既能维持与业主融洽的合作关系，也会使其他索赔的解决变得更加容易。

参考文献

[1]国家标准.建筑工程项目管理规范(GB/T 50326—2006)[S].北京:中国建筑工业出版社,2006.

[2]韩国平,陈晋中.建筑施工组织与管理[M].北京:清华大学出版社,2007.

[3]徐家铮.建筑工程施工项目管理[M].武汉:武汉理工大学出版社,2005.

[4]丛培经,和宏明.施工项目管理工作手册[M].北京:中国物价出版社,2002.

[5]项目管理协会.项目管理知识体系指南[M].北京:电子工业出版社,2005.